科技惠农一号工程

现代农业关键创新技术丛书

肉羊产业先进技术

张果平 主编

 山东科学技术出版社

主　编　张果平

编　者　王　可　黄庆华　王建英　张秀美

　　　　曲树杰　王金文　崔绪奎　王德芹

　　　　朱荣生　苏文政　徐　伟

>>>> 目 录 <<<<

肉羊产业先进技术

一、主要肉羊品种

（一）国外主要肉羊品种

1.萨福克羊

（1）产地分布：萨福克羊原产于英格兰东南部，是大型肉用羊品种，是生产大胴体和优质羔羊肉的理想品种，在英国、美国和澳大利亚是用作终端杂交的主要父本品种。

（2）体形特征：萨福克羊体形大，公母羊无角，头短而宽，颈长、深且宽，胸宽深，背腰平直，肌肉丰满、发达，后躯发育良好，四肢粗壮结实。体躯被毛白色，头、耳及四肢为黑色或深棕色，并覆盖刺毛（图1）。

（3）生产性能：萨福克羊生长发育快，被誉为"世界上生长最快的绵羊"。成年公羊体重100～136千克，母羊70～96千克。3月龄羔羊平均日增重250～300克，胴体重达17千克，饲料转化率为3.87:1。剪毛量成年公羊5~6千克,母羊2.5~3.6千克,毛长7~8厘米,毛细56~58支,净毛率60%。产羔率141.7%~157.7%。

公羊

母羊

图1 萨福克羊

(4)引进与利用:从20世纪70年代起,我国先后从澳大利亚、新西兰引进萨福克羊,主要分布在新疆、内蒙古、北京、宁夏、吉林、河北和山西等地。除进行纯种繁育外,还用萨福克羊同当地粗毛羊及细毛杂种羊杂交来生产肥羔羊,使肉羊生产水平显著提高。

2. 杜泊羊

(1)产地分布:杜泊羊原产于南非,是由有角陶赛特羊和波斯黑头羊杂交育成,主要用于肥羔生产。

(2)体形特征:头颈为黑色和白色,体驱和四肢为白色,头顶部平直、长度适中,额宽,鼻梁隆起,耳大稍垂,既不短也不过宽。颈粗短,肩宽厚,背平直,肋骨拱圆,前胸丰满,后躯肌肉发达。四肢强健而长度适中,肢势端正(图2)。

黑头杜泊公羊

黑头杜泊母羊

白头杜泊公羊

白头杜泊母羊

图2 杜泊羊

（3）生产性能：杜泊羔羊生长迅速，断奶体重大，平均初生重4.76千克。哺乳期120天平均日增重303克;3~4月龄体重可达36.40千克，平均日增重300克以上;5月龄平均体重49.09千克;6月龄平均体重54.85千克;成年公羊体重100~120千克，母羊90~100千克。4月龄屠宰胴体重18~22千克，屠宰率55%，净肉率45%。杜泊羊以产肥羔肉见长，胴体肉质细嫩、多汁、色泽鲜艳、瘦肉率高，无论是形状或脂肪分布均能达到优秀,肉质为 A 级、脂肪 2~3 级、形状为 3~5 级的杜泊羊胴体为最优级,销售时称为钻石级肥羔肉。杜泊羊产羔率 120%~150%,适应性和抗逆性强,板皮皮质优良,是理想的制革原料。

(4)引进与利用:山东省农科院畜牧兽医研究所从南非引进黑头杜泊羊冷冻胚胎 200 枚,于 2001 年 6 月、11 月分两批以小尾寨羊为受体选行胚胎移植,平均移植受胎率46.6%。初生公羔重4.69 千克,母羔4.84 千克;4 月龄公羔体重42.27 千克,母羔40.81 千克;周岁公羊体重73.9 千克,母羊59.6 千克。杜泊羊公羊与小尾寒羊母羊杂交,杜寒杂一代公、母羊 5 月龄平均体重48.9 千克,平均日增重 306 克,料肉比 4.25:1。

3.德国肉用美利奴羊

(1)产地分布:德国肉用美利奴原产于德国,是世界上著名的肉毛兼用品种。德国肉用美利奴是用法国的泊列考斯和英国的长毛莱斯特公羊,与原有的美利奴母羊杂交培育而成的。

(2)体形特征:德国肉用美利奴体格大,体质结实,结构匀称,头颈结合良好,胸宽而深,背腰平直,臀部宽广,肥肉丰满,四肢坚实,体躯长。该品种早熟,羔羊生长发育快,产肉多,繁殖力高,被毛品质好。公、母羊均无角,颈部及体躯皆无皱褶。体格大,胸深宽,背腰平直,肌肉丰满,后躯发育良好。被毛白色,密而长,弯曲明显(图3)。

公羊

母羊

图3 德国肉用美利奴羊

（3）生产性能:在世界优秀肉羊品种中,德国肉用美利奴除具有个体大、产肉多、肉质好优点外,还具有毛产量高、毛质好的特性,是肉毛兼用最优秀的父本。体重成年公羊为 100 ~ 140 千克,母羊 70 ~ 80 千克,羔羊生长发育快,日增重 300 ~ 350 克,130 天可屠宰,活重可达 38 ~ 45 千克,胴体重 19 ~ 23 千克,屠宰率 47% ~ 50%。公母羊剪毛量分别为 7 ~ 10 千克和 4 ~ 5 千克,毛长 8 ~ 10 厘米,毛细 64 ~ 68 支。该羊具有高繁殖能力,性早熟,母羔 12 月龄可配种繁殖,常年发情,两年三产,产羔率 150% ~ 250%。

（4）引进与利用:我国从 1956 年起曾多次由德国引入该羊,分别饲养在内蒙古、黑龙江、吉林、辽宁、甘肃、山东、安徽和江苏等地,曾参与了内蒙古细毛羊、阿勒泰肉用细毛羊等品种的育成。除进行纯种繁育外,与细毛杂种羊和本地羊杂交,后代生长发育快,产肉性能

肉羊产业先进技术

好,是专业化养羊的首选品种。

4.夏洛来羊

(1)产地分布:该羊原产于法国中部的夏洛来地区,是用英国来斯特羊与当地羊杂交,后又导入南丘羊血统经长期选育而成。欧洲各国都有分布,是生产肥羔的优良品种。

(2)体形特征:夏洛来羊公、母羊均无角,头部无毛,脸部呈粉红色或灰色,额宽,耳大,颈短粗,肩宽平,胸宽而深,肋部拱圆,背部肌肉发达,体躯呈圆桶状,身腰长,后躯宽大。两后肢距离大,肌肉发达,呈"U"形,四肢较矮,肢势端正,肉用体形良好。被毛同质,白色(图4)。

公羊　　　　　　　　　　　　　母羊

图4　夏洛来羊

(3)生产性能:夏洛来羊生长发育快。一般6月龄公羔体重48~53千克,母羔38~43千克;7月龄出售的种羊公羔50~55千克,母羔40~45千克。成年公羊体重100~150千克,成年母羊75~95千克。夏洛来羊胴体质量好,瘦肉多,脂肪少,屠宰率在 55% 以上。夏洛来羊毛长 4.0 ~ 7.0 厘米,毛纤维细度 25.5 ~ 29.5 微米。产羔率高,经产母羊为 182.37%,初产母羊为 135.32%。

(4)引进与利用:我国在 20 世纪 90 年代初引入,主要用于经济杂交生产肥羔的父本。其采食速度快,不择食,放牧性能好。目前在辽宁省朝阳地区饲养较多,与当地绵羊杂交,杂交优势明显。

5. 波尔山羊

(1)产地分布:波尔山羊是世界上最著名和最理想的大型肉用山羊品种,被称为世界"肉用山羊之王"。该品种原产于南非,已被新西兰、澳大利亚、德国、美国、加拿大以及非洲许多国家引进。作为终端父本,能显著提高杂交后代的生长速度和产肉性能。

(2)体形特征:波尔山羊毛色为白色,短而稀,头颈为红褐色,并在颈部存有一条红色毛带。波尔山羊耳长而大,宽阔下垂。头部粗壮,眼大、棕色,体躯长、宽、深,肋部发育良好,胸部发达,背部结实宽厚,臀腿部丰满,四肢结实有力(图 5)。

(3)生产性能:波尔山羊的体形较大,生长发育快。初生重为 3 ~ 4 千克,3 月龄断奶重 20 ~ 25 千克,7 月龄公、母羊体重分别为 40 ~ 50 千克和 35 ~ 45 千克,周岁公、母羊体重为 50 ~ 70 千克和 45 ~ 65 千克,成年公、母羊体重为90～130千克和60～90千克;成年公、母羊体高分别为75～90厘米和65～75厘米。在优良放牧并补饲条件下,公、母羊日增重可达291克和272克,一般条件下也可达120～200克。

公羊　　　　　　　　　　母羊

图5　波尔山羊

波尔山羊产肉量高,屠宰率高,10千克体重时活重屠宰率为40.3%,41千克时为52.4%,周岁羊为50%,成年羊为56%～60%,以38～43千克体重时上市最好;脂肪总含量18.31%,胴体脂肪含量18.2%,肉骨比4.7∶1。

波尔山羊母羔6月龄性成熟,公羔3～4月龄性成熟,5～6月龄配种。母羊可全年发情,发情周期为18～21天,发情持续期为37.4小时,妊娠期为148天,产羔率为193%～225%。经产母羊双羔率达到56.5%,三羔比例为33.2%。泌乳期前八周平均产奶量为1.19～2.32千克,乳脂率为3.4%～4.6%,蛋白质为3.7%～4.7%,乳糖为5.2%～5.4%。

（4）引进与利用：1995年我国首次从德国引进，20多个省（市、区）先后从南非、澳大利亚和新西兰引进波尔山羊3 000多只，目前已超过30 000只，用波尔山羊与当地羊开展杂交改良，取得了明显的效果。

（二）我国主要肉羊品种

1. 蒙古羊

（1）产地分布：蒙古羊是我国数量最多、分布最广的粗毛绵羊品种，原产蒙古高原，现分布在内蒙古、东北、华北和西北等地。

（2）体形特征：蒙古羊体质结实，适应性强，能耐极粗放的饲养管理条件。公羊有螺旋形角，母羊多无角。耳大下垂，鼻梁隆起，体格中等，短脂尾。农区羊被毛多为全白色，毛质较好；牧区羊全白色很少，头、颈和四肢毛为黑色或褐色（图6）。

公羊

母羊

图6　蒙古羊

肉羊产业先进技术

(3)生产性能:成年公羊体重35~50千克,母羊30~40千克。秋季或入冬发情配种,年产1胎,产羔率105%~110%。平均剪毛量1~1.5千克。毛呈辫状结构,长6~12厘米,净毛率50%以上。屠宰率45%~50%。

(4)开发利用:我国育成的新疆细毛羊、东北细毛羊和内蒙古细毛羊等品种均有蒙古羊血统。甘肃现代肉羊新品种群,是用波德代羊、无角陶赛特羊作父系,与地方蒙古系母羊(包括部分小尾寒羊母羊)进行杂交而来。2001~2005年共获杂一代羊18.1万只,杂二代羊3.92万只,杂三代羊0.66万只。

2.小尾寒羊

(1)产地分布:小尾寒羊是著名的肉裘兼用型绵羊品种,主要产于山东省的西南部地区(菏泽、济宁地区),主要分布于河南新乡、开封地区,以及河北南部、江苏北部和淮北等地。

(2)体形特征:小尾寒羊体形匀称,侧视略呈正方形;鼻梁隆起,耳大下垂;短脂尾呈圆形,尾尖上翻,尾长不超过飞节;胸部宽深、肋骨开张,背腰平直。体躯呈圆筒状;四肢高,健壮端正。公羊头大颈粗,有发达的螺旋形大角,角根粗硬;前躯发达,四肢粗壮,悍威、善抵斗。母羊头小颈长,大都有角,有镰刀状、鹿角状、姜芽状等,极少数无角。全身被毛白色、异质,少数个体头部有色斑。被毛可分为裘毛型、细毛型和粗毛型,裘毛型毛股清晰、花弯适中美观(图7)。

公羊

母羊

图7 小尾寒羊

(3)生产性能:小尾寒羊生长发育快。成年公、母羊体重分别为160.52千克和72.30千克。在良好的饲养条件下,3月龄公羔胴体重13.6千克,净肉重10.4千克;母羔胴体重12.5千克,净肉重9.6千克;6月龄公羊宰前活重可达46千克,胴体重23.6千克,净肉重18.4千克;6月龄母羊宰前活重可达42千克,胴体重21.9千克,净肉重16.8千克。周岁育肥羊屠宰率55.6%,净肉率45.89%。成年公羊体高为90.4厘米,体长为94.43厘米,胸围110.2厘米,管围10.40厘米;成年母羊体高为80.00厘米,体长为82.96厘米,胸围为100.35厘米,管围为9.04厘米。

小尾寒羊性成熟早,可以常年发情配种,繁殖周期短,产羔率高。公、母羊一般都在5~6月龄性成熟,母羊6~7月龄,公羊10~12月龄即可开始配种。母羊发情周期平均16天,持续发情30小时,妊娠期148天,产后发情期 1～2 个月,繁殖周期 5～8 个月,一年两胎或两年三胎。母羊每胎产羔 2～4 只,最多达 7 只,群体平均产羔率 270%。小尾寒羊泌乳性好,平均泌乳量 645 克/天·只,乳脂率 7.94%,乳蛋白 5.80%,乳糖 3.97%,干物质 18.59%。小尾寒羊羔羊毛色纯白,花穗长而花弯多,花案美观,是制作高档裘皮服装的原料。小尾寒羊裘用性能好,羔皮面积大。

(4)开发利用:小尾寒羊具有许多优点和繁殖力高的特性,是肉羊经济杂交的理想母本,20 多个省(市、区)分别从山东引进小尾寒羊,促进了小尾寒羊的快速发展。2002 年山东省小尾寒羊发展到 400 万只,推广总数已超 250 万只。

3. 湖羊

(1)产地分布:湖羊主要产区在太湖流域,是一个独特的稀有品种。

(2)体形特征:湖羊体格中等,具短脂尾型特征,公、母均无角,头狭长,鼻梁隆起,多数耳大下垂,公母羊均无角,颈细长,体躯狭长,背腰平直,腹微下垂,脂尾扁圆形,不超过飞节,尾尖上翘,四肢偏细而高。被毛全白,腹毛粗、稀而短(图 8)。

(3)生产性能:湖羊成年公、母羊体重分别为 42～50 千克和 32～45 千克。3 月龄羔羊断奶体重公羔达 25 千克,母羔 22 千克以上,6 月龄体重可达到成年羊体重的 87%。未经肥育的 1～3 岁公羊（20 只）屠宰前活重平均 34.84 千克，胴体重 16.9 千克，屠宰率 48.51%，净肉率 38.4%。老龄母羊（10 只）宰前活重 40.68 千克，胴体重 20.1 千克，屠宰率 49.41%。

公羊

母羊

图 8　湖羊

湖羊毛属异质毛，剪毛量成年公羊 1.7 千克，母羊 1.2 千克，平均细度 44 支，净毛率 50% 以上，适宜织地毯和粗呢绒。

湖羊繁殖力高，母性好，泌乳性能高，性成熟早，四季发情、排卵，全年配种产羔。母羊 4～5 月龄性成熟，一般公羊 8 月龄、母羊 6 月龄配种，可年产二胎或两年三胎。每胎一般产两羔，平均产羔率 229%，其中单羔占 17.35%，2～3 羔占 79.56%，4 羔占 3.03%，6 羔占 0.06%。在正常饲养条件下，日产乳 1 千克以上。

湖羊出生后 1～2 天内宰剥，加工的羔皮（小湖羊皮）质量最优，羔皮皮板薄而轻柔，毛色洁白光润，毛弯呈水波纹，弹性强，是制作皮衣的优质原料，被誉为"软

肉羊产业先进技术

宝石"而驰名中外。羔羊出生后 60 天以内宰剥的皮称为"袍羔皮",皮板轻薄,毛细柔,光泽好,也是上好的裘皮原料。

（4）开发利用:湖羊羔皮和裘皮质量高,是世界上唯一的白色羔皮用羊品种,是我国宝贵的羊品种资源。它对炎热、多雨、潮湿、光暗的环境有良好的适应性,是我国其他绵羊品种所不及的。湖羊性成熟早,繁殖率高,肉质品质好,适合舍饲和圈养,是江浙沪一带发展肥羔生产的理想品种,也是生产杂交肥羔的最佳母本之一。

4. 大尾寒羊

（1）产地分布:大尾寒羊产于冀东南、鲁西聊城地区及豫中密县一带,现主要分布在山东聊城地区和河北地区。

（2）体形特征:大尾寒羊被毛白色体格大,体质结实,鼻梁隆起,耳大下垂,前躯发育较差,后躯比前驱高,四肢粗壮,蹄质结实。公母羊的尾都超过飞节,长者可接近或拖及地面,形成明显尾沟(图 9)。

（3）生产性能:大尾寒羊属大脂尾羊。3 月龄公、母羔体重平均为 25 千克和 17.5 千克;周岁公、母羊体重平均为 72 千克和 52 千克;成年公、母羊体重平均为 72 千克和 52 千克。成年公羊尾脂重一般为 10 ~ 20 千克,最重可达 35 千克,成年母羊的尾脂重一般为 4 ~ 6 千克，最重达 10 千克以上。

公羊　　　　　　　　　　母羊

图 9　大尾寒羊

　　大尾寒羊具有屠宰率和净肉率高，尾脂肪多，肉质鲜嫩多汁、味美的特点。6 ~ 8 月龄公羔屠宰前活重为 39.47 千克，胴体重 20.62 千克，尾脂重 4.76 千克，屠宰率 52.23%，胴体净肉率 81.04%；1 ~ 1.5 岁为 49.22 千克，29.64 千克，6.91 千克，54% 和 82.25%；2 ~ 3 岁公羊为 62.34 千克，33.59 千克，9.89 千克，54.76% 和 84.1%。

　　大尾寒羊公羊平均剪毛量为 3.3 千克，母羊平均剪毛量为 2.7 千克。毛长，公羊平均为 10.4 厘米，母羊为 10.2 厘米。毛被同质或异质，细毛和两型毛占 95%，粗毛约占 5%。毛细度，肩部为 26 微米，体侧为 32 微米，净毛率为 45%。大尾寒羊的羔皮和二毛皮，毛股洁白，光泽好，有明显的花穗，毛股有 6 ~ 8 个弯曲。

　　大尾寒羊母羊 5 ~ 7 月龄、公羊 6 ~ 8 月龄性成熟，母羊初配年龄为 10 ~ 12 月龄，母羊全年发情，发情周期为 17 ~ 20 天，发情持续期为 2.5 天，妊娠期为 149 ~ 155

現代农业关键创新技术丛书

一　主要肉羊品种

天。一年两胎或两年三胎,多产双羔,个别的一胎产三羔或四羔,产羔率为 185% ~205%。

(4)开发利用:大尾寒羊属于农区绵羊品种,生长发育快、肉质好、抗炎热和抗腐蹄病的能力较强,适于放牧、舍饲和圈养。大尾寒羊中心产区正处于我国中原肉羊优势区域,适用于作肉羊生产的杂交母本,开发前景广阔。

5.洼地绵羊

(1)产地分布:洼地绵羊主要分布在山东滨州和东营等地,是长期适应低湿地带放牧、肉用性能好、耐粗饲抗病能力强的肉毛兼用地方优良品种。

(2)体形特征:洼地绵羊鼻梁微隆起,耳稍下垂,公、母羊均无角,胸较深,背腰平直,肋骨开张良好,后躯发达,四肢较矮,低身广躯,呈长方形,中等脂尾,不过飞节。全身被毛白色,少数羊头部有褐色或黑色斑点(图10)。

(3)生产性能:6 月龄公、母羊体重分别为 26 千克和 24 千克,成年公、母羊体重分别为 60 千克和 40 千克。母羊只均年产优质羔羊肉 40 千克以上,屠宰率 50%。产毛量为 1.5 ~2 千克,春毛长 7 ~9 厘米,净毛率51% ~55%;被毛中无髓毛51%,两型毛16%,有髓毛 30%、干死毛 3%。产羔率 215%,核心群产羔率280%,年均产羔 5 只,四乳头母羊有高繁殖力、高泌乳力趋势。

公羊   母羊

图10　洼地绵羊

（4）开发利用：洼地绵羊为肉皮兼用型地方良种，对低洼潮湿、土地盐碱等生态条件有较好的适应性。经辽宁、内蒙古、青海和山东等地引种和饲养，普遍反映良好，是肉羊杂交生产的理想母本之一。

6. 济宁青山羊

（1）产地分布：济宁青山羊原产于山东省菏泽和济宁两地区，现已推广到华南、东北、西北等十多个省（区），饲养效果良好。

（2）体形特征：济宁青山羊公、母羊均有角，角向上、向后上方生长，颈部较细长，背直，尻微斜，腹部较大，四肢短而结实。被毛由黑白二色毛混生而成青色，角、蹄、唇也为青色，前膝为黑色，故有"四青一黑"的特征。因被毛中黑白二色毛的比例不同，又可分为正青色（黑毛数量占 30% ~ 60%）、粉青色（黑毛数量占在30%以下）、铁青色（黑毛数量在60%以上）3 种。按照毛被的长短和粗细，可分为细长毛（毛长在 10 厘米以上者）、细短毛、粗长毛、粗短毛，细长毛者占多数且品质较好(图11)。

公羊 　　　　　　　　　　母羊

图11　济宁青山羊

（3）生产性能:济宁青山羊成年公羊平均体高、体长、胸围和体重分别为59.1厘米,60.8厘米,74.9厘米,28.8千克;成年母羊分别为54.31厘米,59.5厘米,71.1厘米,23.1千克。成年公羊产绒50~150克,母羊产绒25~50克。羔羊出生后3天内宰剥的猾子皮,毛细短,形成波浪、流水及片花等花纹。济宁青山羊性成熟早,4月龄即可配种,母羊常年发情,排卵数可达5个以上,年产两胎或两年产3胎,一胎多羔,平均产羔率为294%。

（4）开发利用:济宁青山羊是我国独特的羔皮用山羊品种,生产的猾子皮为国际市场上有名的商品,应在保持该羊羔皮品质特性的基础上加强选育,并利用其繁殖力高、产羔数多的特点实施肥羔生产。

二、肉羊繁殖技术

肉羊繁殖性能高低,主要受品种、年龄、多羔性、受胎率以及饲养管理等因素影响。掌握了羊的生殖系统特点、生殖器官功能、繁殖规律和特点,才能合理利用繁殖技术,适时发情与配种,增加排卵数量,提高受胎率、产羔数和羔羊成活率,从而提高养羊业的经济效益。

(一)肉羊的生殖特点

1.性成熟与初配年龄

(1)初情期:是指母羊初次发情和排卵的时期,多安静发情,母羊只排卵而不表现发情的症状。这是由于缺少孕酮,在初情期前卵巢中没有黄体存在,因而没有孕酮分泌。小尾寒羊 5~6 月龄为初情期。

(2)性成熟:在青春期后肉羊生殖器官发育完全,脑垂体前叶分泌促性腺激素(排卵刺激素、促黄体素),性腺激素(睾丸酮、雌二醇和孕酮)增多,具备正常的配种能力。不要在刚达到性成熟年龄(6~8月龄)就急于配种,因为这样会影响正常发育,所产下的后代也多体质弱、发育不良,容易导致品种退化。

(3)初配年龄:一般初配年龄为羊体重和体格达到成年羊的70%,商品羊场条件可适度放宽。初情期、性成熟和适配年龄,因个体、品种、性别、营养和气候等因素存在一定差异,生长发育快、气候温暖、营养良好的羊要早些。

一般小尾寒羊母羊最初配种为6~7月龄,妊娠期为148.33天。根据259只母羊的统计,发情周期16.67天。母羊常年发情,以春季、秋季较为集中,每个产羔周期为8个月。母羔7月龄即可发情配种。

2. 繁殖季节

羊是季节性多次发情动物,春季和秋季多发情。发情受品种、年龄、光照、气温、营养、地域、性刺激等因素影响。山羊的发情季节比绵羊要长,无特定的配种期。在人为因素的影响下,有些肉羊品种的繁殖季节性可消除或改变,全年出现多次发情。

公羊繁殖的季节性变化虽然没有母羊明显,但在不同季节的繁殖机能是不同的。公羊秋季性欲最高、精液质量最好,冬季性欲最低,夏季精液质量最差。从9月下旬开始到12月精液品质最好,1~2月次之,3~6月处于比较好的状态,7月下旬至9月下旬精液的密度降低。

3. 发情

发情是指肉羊生长发育到性成熟后,表现出的一种周期性性活动现象。

(1)发情周期:发情周期同样受肉羊品种、个体、饲养管理条件等因素影响。一般绵羊的发情周期平均是17 天(14～19 天),山羊是 21 天(18～23 天)。发情周期可分为发情前期、发情期、发情后期和休情期。

发情前期:卵巢上前一个周期排卵形成的黄体萎缩,新的卵泡重新开始发育,突出于卵泡表面。雌激素分泌增加。阴道黏膜充血,有少量黏液分泌。母羊精神变化不大,外部表现不明显,不接受公羊爬跨。

发情期:卵巢上卵泡迅速发育成熟并排卵。雌激素分泌达最高水平。阴道黏膜充血潮红,阴门肿胀,从外阴部有分泌物流出。母羊兴奋不安,不断鸣叫,食欲减退,喜欢寻找和主动接近公羊,在公羊追逐或爬跨时站立不动,接受爬跨,也爬跨别的羊。

发情后期:如配种后受精,母羊妊娠,发情周期活动停止;如未受精,则母羊进入发情后期。母羊卵巢上有黄体开始形成,孕激素水平增加,阴道黏液分泌量减少而黏稠。母羊兴奋状态逐渐消失,性欲减退。

间情期:也称为休情期,即母羊发情过后到下一次发情周期到来之前的时期。卵巢上的黄体生长发育到最大,孕激素分泌达最高水平。性欲停止,精神恢复正常,外部没有发情症状。母羊受精,黄体继续存在,发育为妊娠黄体,而未妊娠母羊的黄体则逐渐退化、萎缩,成为发情周期黄体,转入下一个发情周期的前期。

（2）发情持续时间:从发情症状开始到发情症状结束为发情持续期。最佳配种时间应在发情开始后 12 ~ 24 小时。一般绵羊持续期为 24 ~ 36 小时,山羊为 24 ~ 48 小时。发情持续时间短,与品种、个体、年龄、繁殖季节等有密切的关系。在冬春季节,肉用品种、单羔母羊、青年羊、老年羊的发情持续期短。在夏秋季节,毛用品种、双羔母羊、壮年母羊持续期长。

（3）发情鉴定:发情鉴定的目的是及时发现发情母羊,并根据发情程度适时授精,防止误配、漏配,以提高肉羊受胎率。

外部观察法:发情母羊鸣叫,频繁排尿,食欲下降,喜欢接近公羊,并强烈地摆动尾部。外阴及阴道充血、肿胀、松弛,有少量黏液排出。爬跨或接受公羊的爬跨,站立不动。有些羊表现"静默发情"。

阴道检查法:用阴道开腔器来观察母羊阴道黏膜充血、黏液分泌及子宫颈口的变化等情况,判断母羊是否发情。在进行阴道检查时,首先将母羊保定好,用消毒水清洗外阴部,用清洁的布擦拭干净;开腔器清洗干净,用 75% 酒精消毒或火焰消毒后,涂上灭菌润滑剂或用生理盐水浸湿。操作人员左手将阴门打开,右手持开膣器,闭合前端,缓慢插入阴门。打开开膣器,通过额镜或手电筒光线检查阴道的变化。检查完毕后,稍微合拢开膣器,由阴道中抽出。操作时注意不要损伤阴道黏膜。

试情法:对于发情症状不太明显的母羊,最好是用公羊试情,以便及时发现发情母羊。此方法简单方便,可以较快地将发情母羊从羊群中挑选出来。一般配种季节每次试情为 1 小时,每天早晚各一次。

试情公羊应选择体格健壮、无疾病、性欲旺盛的,2~5 岁为宜。为了防止试情公羊偷配母羊,在试情公羊的腹部系上一块 40 厘米 ×35 厘米的白布,也可将输精管结扎或阴茎移位,使其只能爬跨,不能交配。输精管结扎目前应用较多。

(4)产后发情:母羊分娩后的第一次发情称为产后发情,为产后 30~59 天,平均 35 天。

(5)排卵:发情时促性腺激素分泌量达到高潮,卵巢上有发育成熟卵泡,卵泡破裂后排出成熟的卵子。排卵一般发生在发情结束前 12~24 小时(即发情后期),而且右侧卵巢排卵多于左侧卵巢。一般每次排卵 1 枚,多胎品种每次可排 2~4 枚卵。在胚胎移植时可使用 PMSG 和 FSH 来增加母羊的排卵数,从而提高多羔率。

4. 受精与妊娠

(1)受精:受精是精子和卵子在输卵管上 1/3 处相

遇,形成合子的过程。在这个生理过程中,精子和卵子要发生一系列的形态变化。如精子顶体反应、精子穿过透明带、精卵质膜的融合、卵子对精子穿入的反应、雌雄原核形成、受精过程等一系列的变化过程。

母羊排卵后,卵子落入输卵管中,靠输卵管收缩及其纤毛颤动向下移动,到达输卵管上 1/3 处,遇到精子即可受精。排卵后,卵子可受精的时间为 12~24 小时;精子在生殖道保持可受精能力的时间为 30~48 小时。最适宜的配种输精时间是发情开始后 24~48 小时,隔 8~10 小时再次输精。为了避免错过受精机会,在生产实践中发现母羊发情后立即输精,上下午各一次。

(2)妊娠:雌雄两性生殖细胞结合,形成受精卵。受精卵在子宫内发育成胎儿的整个过程称为妊娠。受精后 3 天,受精卵分裂到 16 个细胞,称为"桑葚期",靠输卵管的收缩和纤毛运动到达子宫,植附于子宫壁上(胎盘),胚胎继续分裂增殖。5~6 天时形成内外两层和中间的空腔,称为囊胚。7 天后分裂加快,形成中胚层。以后由这 3 层胚胎组织发育成胎儿的所有组织和器官。

从精子和卵子在母羊生殖道内结合形成受精卵开始,到胎儿产出,称为妊娠期。根据配种日期和妊娠期可以预测母羊的分娩日期,以便及早做好接产的准备工作。妊娠期长短受品种、个体、季节、营养、胎儿数量与大小的影响。营养水平低、老龄母羊的妊娠期略短。妊娠期为 147±3 天。

母羊妊娠后,性情温驯,食欲增加,毛色变光变亮,体态逐渐丰满;母羊阴唇收缩,阴门紧闭,阴道长度增加,前端变细,阴道黏膜苍白,黏液浓稠、滞涩。子宫体积和重量都明显增加,出现妊娠脉搏;子宫黏膜上皮增生、黏膜增厚,有利于囊胚的附植;分布于子宫的血管分支逐渐增多,血液供应增多,以提供胎儿发育所需的营养。妊娠第 80 天,通过母羊子宫的血液流量为 200 毫升/分钟;妊娠末期(150 天时),血液流量可达 1 000 毫升/分钟以上,而未孕羊子宫血液流量仅为 25 毫升/分钟。黄体会转变为妊娠黄体,由于卵巢上形成妊娠黄体,孕激素水平升高,抑制了卵泡发育,使母羊不再有发情表现。正常情况下,妊娠黄体直到分娩时才开始退化。妊娠后期,乳房膨胀,腹围增大,体重增加,呼吸加快,排粪、尿的次数增多。临近分娩时阴道变短粗,黏膜充血、柔软、轻微水肿。子宫颈紧闭,黏膜增厚,上皮单细胞腺在孕酮作用下分泌黏液,填充于子宫颈,形成子宫颈塞,阻止外物进入,保护胎儿安全。

(二)肉羊的繁殖力

公羊的繁殖力取决于精液的数量、质量、性欲及母羊的交配能力;母羊的繁殖力取决于性成熟时间、发情表现强弱、排卵多少、卵子受精能力、妊娠时间长短、产羔数量、哺乳羔羊的能力等。此外,饲养管理水平、发情鉴定准确性、精液质量控制、适时配种、早期妊娠诊断等,也是影响繁殖力的重要因素。

1. 繁殖力指标

在养羊生产过程中,需要进行一些与繁殖力相关的生产统计,来指导调整羊群结构、贮存草料、周转羊群,从而改进生产管理方法,提高繁殖成活率及养羊经济效益。

(1)产羔率:指出生羔羊总数占分娩母羊数的百分率,反映母羊妊娠产羔能力。

产羔率 = 出生羔羊数/分娩母羊数 × 100%

(2)双羔率:指产双羔母羊数占产羔母羊数的比率。

双羔率 = 产双羔母羊数/产羔母羊数 × 100%

(3)成活率:指成活羔羊数占出生活羔羊数的百分率,反映羔羊成活的成绩和母羊哺乳羔羊的能力。分断奶成活率和繁殖成活率两种。

成活率 = 成活羔羊数/出生活羔羊数 × 100%

(4)受配率:指本年度内参加配种母羊数占羊群内适繁母羊数的百分率,反映羊群内适繁母羊的发情和配种情况。

受配率 = 年度配种母羊数/年度适繁母羊数 × 100%

(5)适繁母羊比率:主要反映羊群中基础羊群质量及规模发展潜力,适繁母羊一般多指 10 月龄以上可参与繁殖的羊。

适繁母羊比率 = 本年度终适繁母羊数/本年度终羊群总数 × 100%

(6)情期受胎率:指在一定期限内,受胎母羊数占参加配种的总发情母羊数的百分率,反映母羊发情周期的配种质量。

情期受胎率 = 受胎母羊数/情期配种数 × 100%

(7)不返情率:指在一定时期内,经配种后未再出现发情的母羊数占参配母羊数的百分率。

(8)繁殖率:繁殖率 = 出生活羔羊数/适繁母羊数 × 100%

(9)繁殖成活率:繁殖成活率指本年度内断奶成活羔占适繁母羊数的百分率,综合反映了母羊受胎率、产羔率、羔羊成活率。

繁殖成活率 = 年度断奶成活羔羊数/年度适繁母羊数 × 100%

2.影响繁殖力的因素

(1)遗传因素:肉羊品种不同,繁殖力也不同。小尾寒羊1年2胎或2年3胎,每胎双羔常见,多的产4只以上。同羊每胎1羔,双羔少见。同一肉羊品种不同个体产羔率也有很大的差别,产羔率高的群体可达300%以上,产羔率低的群体只有200%左右。因此,在选育过程中应选留产羔率高的群体和个体,以提高繁殖性能。

(2)季节因素:秋、冬季节最适宜繁殖,发情明显、受胎率高;在高温的夏季母羊发情表现不明显,发情率低;公羊性欲差,精液品质差,配种后受胎率低。炎热天气为公羊遮阳降温,可提高精液品质。

(3)营养因素:营养的好坏对繁殖力有重要影响。青年羊营养不足会延迟初情期和性成熟,成年羊会造成安静排卵或不发情,甚至配种后胚胎死亡。公羊营养不足,会造成精液品质下降、性机能减退。在配种前20天开始对羊短期优饲,常能提高母羊的排卵数和公羊的精液量。但营养过剩时,也会影响卵子发育和精子的形成,从而影响母羊的正常发情和排卵,使公羊精液质量下降,性欲低下,受胎率降低。另外,蛋白质、脂肪、维生素 A、维生素 E、维生素 D、钠、钙、磷、微量元素等缺乏,也会导致母羊排卵数减少,公羊精液品质下降。

(4)配种时间和技术:精子和卵子的存活时间有限,适时配种(排卵前 12~15 小时)是提高受精率的重要举措。另外,人工授精时技术人员的水平,管理人员对发情鉴定、适时配种、产后管理、生殖疾病处理的能力,也对母羊的繁殖力有影响。

(5)年龄与健康状况:种公羊 5~6 岁以后,精液的数量、质量逐渐下降,出现繁殖障碍、性欲减退、睾丸变性等,并慢慢失去爬跨能力。母羊 2~5 岁是最佳繁殖年龄,5 岁以后生殖机能下降,生殖器官老化病变增加,生殖激素分泌减少,发情不明显,卵子质量下降,受胎率降低,屡配不孕、死胎增加,哺乳羔羊能力下降。所以,在羊繁殖机能下降时应及时淘汰。

(6)泌乳因素:母羊产后出现发情的时间,与新生羔羊的哺乳及泌乳量有很大的关系。产后带羔的母羊发情延迟,而产后母羊和与羔羊分开的母羊产后发情较早。因此,应将羔羊及早断奶或将母羊和羔羊分开饲养,以促使母羊产羔后及早发情,提高繁殖能力。

(三)配种技术

1.配种时间

选择配种时间,首先应该有利于羔羊的成活、生长发育和母羊的健康,还要根据所在地区的气候和生产技术条件来决定配种计划。配种时间主要以年产胎次和产羔时间来确定。随着集约化生产条件和生产技术的不断提高,产羔时间可以根据生产计划来安排,配种时间而不受季节限制。冬羔具有初生重大、生长发育快、成活率高和整齐度好等优点,所以,在有条件的地方应尽量安排产冬羔(表1)。

肉羊产业先进技术

表1	配种计划的安排	
产羔计划	配种时间	产羔时间
1年2产	3~4月份	8~9月份
	9~10月份	翌年2~3月份
2年3产	5月份	10月份
	翌年1月份	6月份
	9月份	翌年2月份
产冬羔	7~9月份	12月或翌年1~2月份
产春羔	10~12月份	翌年3~5月份

2.常用配种方法

羊配种方法有自然交配、人工辅助交配和人工授精,前两种又称为本交。为了减少公羊的饲养头数,提高公羊的利用率,准确记录羔羊系谱以及防止传播疾病,一般多采用人工辅助交配和人工授精的配种方法。

(1)自然交配:在配种季节,按公母比1:20同群饲养或放牧,任其自由交配。这种方法简单易行,受胎率较高,适于小群羊分散饲养。缺点是种公羊利用率低,后代血统不清,易造成近交和早配,无法确定预产期,无法进行选种选配,容易造成疾病交叉感染。在非配种季节单独饲养公母羊,配种季节来临时有计划地调换公羊,可有利克服上述缺点。

(2)人工辅助交配:是将公、母羊分群隔离饲养,在配种季节用公羊试情,发情母羊用指定的公羊进行配种,有计划地选种选配。这种方法有利于母羊采食抓膘和种公羊利用率的提高,能确定预产期。但该方法对提高羊群品质较慢,需要的公羊数量多,成本高,且花时间。

(3)人工授精:是借助于采精器械,以人工的方法采集公羊的精液,经过品质检查和一系列的处理后,再将精液注入到发情母羊的生殖道内使其受胎。人工授精可以提高优良种公羊的利用率和母羊的受胎率,由于配种公母羊不直接接触,可避免某些疾病的传染。

3. 影响配种受胎率的因素

(1)精液品质:精液品质是影响受胎率的直接因素,有条件的地方应每隔1周对公羊的精液进行一次品质检查。人工输精时应对精液抽样检查,以防止劣质精液影响受胎率。

①健康:选择发育良好、体质健壮的优良种公羊,身体瘦弱或过度肥胖公羊的性欲和精液品质必然降低。

②营养:喂给充足、优良的饲草饲料,是公羊能够产生品质良好精液的必要条件。

③年龄:刚性成熟的幼年公羊,性机能正在继续发育,所产精液质量逐渐提高,壮年公羊性机能完善而良好,所生产的精液品质最好。老龄公羊性机能逐渐衰退,所产精液质量逐渐降低,直至失去繁殖能力。

④季节:不同的季节和自然环境对公羊精液品质也有影响。在气温低的配种季节,公羊的射精量高,精子

密度大,畸形精子少,性欲旺盛;在气温高的季节则较差。气温变化剧烈,如气温突然下降且伴有冷风,对公羊的性欲和精液品质有明显的不良影响。

⑤交配次数(采精频度):公羊交配次数与每次交配间隔时间是否恰当,对健康、性欲和精液品质都有很大影响。如果交配次数过多,则可使公羊的性欲和精液品质下降。

⑥运动:适当运动可以增进公羊的健康,对公羊的性欲和精液品质均有促进作用。缺乏运动的公羊体质虚弱,精神不好,性欲不强,精液品质下降,但过度运动,又会使体力消耗过大,从而影响公羊的性欲和精液品质。

(2)影响精子活力和生存力的因素:

①温度:温度对精子活力和生存力影响很大。在寒冷季节或寒冷地区进行人工授精时,室内一定保持在18~25℃,以避免精子受低温影响。

②渗透压:只有在等渗溶液中才能保持精子正常的生活能力。因此,在人工授精过程中,配制稀释液时所有药物必须称量准确,防止水分混入精液。

③pH:精子一般在 pH7.0 时最为活泼,而且存活最久。在高于或低于 pH7.0 时,精子活动力会受到影响。

④光线:精子暴露于日光下会缩短寿命。

⑤振动:在精液的处理和运输过程中应尽量避免

振动。

⑥尿液:在采精时应尽可能防止尿液混入精液。

⑦药物:许多消毒药物对精子有害,所以在器械消毒后,必须用生理盐水或稀释液充分冲洗,以免损害精子,影响人工授精效果。抗生素能防止精液腐败。

⑧气体:酒精、乙醚以及烟对精子有害,故在人工授精操作过程中注意避免有害气体,并严禁吸烟。

糖对精子活动起良好作用,卵黄中的卵磷脂能保护精子免受低温影响。

(3)输精技术:

①输精时间:一般在发现母羊发情后 10～18 小时输精,可以得到理想效果。子宫颈黏液是输精时机的标志,理想的输精时间应为宫颈黏液变浑浊,呈奶酪状。

②输精剂量:原精输精量为 0.05～0.1 毫升,稀释后的精液输精量应为 0.2～0.3 毫升,进行阴道输精时剂量再适当加大。

③输精技术:子宫颈输精法受胎率高于阴道输精法,操作熟练程度也是影响受胎率的重要因素。

(四)产羔

1. 产羔前准备工作

(1)接羔棚舍:因为羔羊在初生时对低温环境特别敏感,一般在出生后 1 小时内直肠温度要降低 2～3℃,

所以接羔棚舍要求达到 0~5℃,而且要保持地面干燥、干净卫生、空气新鲜、光线充足、无贼风。在接羔棚附近应安排一暖室,作为初生弱羔和急救羔羊用。此外,在产羔前 1 周对接羔棚舍、饲料架、饲槽、分娩栏等进行修理和清扫,并用 2%~3% 的烧碱溶液或 10%~20% 的石灰乳溶液进行彻底消毒。

(2)饲草饲料:产期用的饲草、饲料、褥草要准备充足,以免影响羔羊发育。有条件的羊场和农、牧民饲养户,应当为冬季产羔的母羊准备充足的青干草、质地优良的农作物秸秆、多汁饲料和精料等;对春季产羔的母羊,也应准备舍饲 15 天需要的饲草饲料。

(3)药品药械:消毒药品如来苏儿、酒精、碘酒、高锰酸钾、消毒纱布、脱脂棉等,必需药品如强心剂、镇静剂、垂体后叶素,还有毛巾、肥皂、脸盆、水桶、提灯、羊毛剪、断尾钳、注射器、针头、温度计、剪刀、耳号和耳号钳、秤、记录表格(母羊产羔记录、初生羔羊鉴定)等,均应准备齐全。

(4)兽医人员:接羔护羔是一项繁重而细致的工作,要根据羊群分娩头数认真研究,制订接羔护羔的技术措施和操作规程,做好接羔护羔的各项准备工作。接羔人员必须分工明确、责任到人,对初次参加接羔的工作人员要进行培训,掌握接羔的知识和技术。此外,除平时值班兽医人员外,还应临时增加人员,以便经常进场巡回检查、及时防治。

（5）临产母羊的饲养管理：如果临产母羊饲养管理差，缺乏补饲条件，会影响胎儿发育，母羊产羔后会缺奶，导致羔羊成活率低。必须加强临产母羊的饲养管理，保证营养物质的需要。此外，临产母羊行动不便，要精心护理，出入圈时要防止拥挤，工作人员站在圈口，一只一只通过。不要追赶，禁止鞭打和惊扰。

2. 接产

（1）分娩征兆：母羊临产前表现乳房肿大，乳头直立，阴门肿胀潮红，有时流出浓稠黏液；肷窝下陷，尤以临产前2~3小时最明显；行动困难，排尿次数增多；起卧不安，不时回头顾腹部，或喜卧墙角，四肢伸直努责。有时四肢刨地，表现不安，不时咩叫。工作人员应随时观察母羊，出现上述情况，尤其出现努责或羊膜露出外阴时，立即将母羊送进产房准备接产。

（2）正常接产：母羊正常分娩时，在羊膜破后10~30分钟，羔羊即可产出。正常胎位的羔羊出生时，一般两前肢和头部先出。如后肢先出，最好立即人工接产和助产，以防胎儿窒息死亡。

一般产双羔时先后间隔5~30分钟，但也有1小时以上的。当母羊产出第一羔后，须检查是否还有未产羔羊。如见母羊表现不安、卧地不起或起立后重新躺下努责的情况，可用手掌在母羊腹部前方适当用力向上推举,如还有羔羊,则能触到一个硬而光滑的羔体。对产双羔或多羔的母羊应特别注意,在第 2~3 只羔羊产出时已疲乏无力且羔羊的胎位往往不正,所以多需助产。

羔羊产出后,应迅速将羔羊口、鼻、耳中的黏液掏出擦净,以免因呼吸困难、吞咽羊水而引起窒息或异物性肺炎。羔羊身上的黏液,最好让母羊舔净。如母羊不舔或天气寒冷时,须迅速把羔体擦干,以免受凉。羔羊出生 2 小时内要进行称重和初生鉴定,并登入记录册内。

（3）难产处理:在破水后 20 分钟左右,母羊不努责,胎膜也未出来,应立即助产,助产主要是强行拉出胎羔。助产员剪短指甲,洗净手臂并消毒,涂润滑油。先帮助母羊将阴门撑大,把胎儿的两前肢拉出来再送进去,重复 3~4 次。然后一手拉前肢,一手扶头,随着母羊的努责慢慢向后下方拉出,但不可以用力过猛,以免伤及产道。

（4）羔羊的假死处理:母羊如分娩时间较长,羔羊会出现假死情况。提起羔羊两后肢,悬空并拍击背胸部;将羔羊浸在 40℃ 左右的温水中,同时进行人工呼吸,用两手有节律地推压羔羊胸部两侧;或向鼻孔吹气。暂时假死的羔羊,经过这种处理后即能复苏。羔羊的舌头如明显发凉,则很少有恢复的希望。

3. 产后母羊和羔羊的护理

（1）初生羔羊的护理:羔羊出生后,在 1 小时内要帮助羔羊吃上初乳。瘦弱的羔羊、初产母羊以及母性差的母羊,须人工辅助哺乳。如因母羊有病或一胎多羔奶水不足时,应找保姆羊代乳。此外,还要注意畜舍的环境卫生及羔羊个体卫生等,减少疫病的发生,提高羔羊的成活率。

(2)产羔母羊的护理:母羊分娩时失去很多水分,应在产后 1～1.5 小时给母羊饮水。产后第一次饮水不宜超过 1～1.5 升,水温为 12～15℃。产后母羊应注意保暖、防潮、避风,预防感冒,保证休息。产后头几天应给予优质干草和块根类饲料,不宜过多,3 天后再逐渐增喂精料、多汁料和青贮饲料。

三、肉羊的营养需要与饲料配制

（一）肉羊的营养需要

羊从饲草、饲料中获得的营养物质,主要包括碳水化合物、蛋白质、脂肪、矿物质、维生素和水等。碳水化合物是羊活动所需热量的主要来源;蛋白质是羊体生长和组织修复的主要原料,矿物质、维生素和水在调节羊的生理机能、保障营养物质和代谢产物的传递方面具有重要作用。

1. 能量

能量来源于饲料中的有机物质（如碳水化合物、脂肪和蛋白质等）,其中碳水化合物是能量的主要来源,包括淀粉、糖和粗纤维。饲料中的能量并不能完全被羊利用。饲料中的总能减去粪便中所含的能量称为消化能（DE）,也称表观消化能。表观消化能减去消化过程中产生的甲烷等气体和由尿排出的能量,称为代谢能

（ME），也称生理有用能或表观代谢能（AME）。

（1）维持需要：羊维持正常生命活动，体重不增不减时所需的能量为维持能量。羊维持需要的能量与代谢体重（活体重的 0.75 次方）呈直线关系。

$$NE_m = (56\ W^{0.75}) \times 4.1868\ 千焦$$

式中：NE_m 为维持净能（千焦）；W 为活体重（千克）。

（2）生长需要：NRC 规定，空腹 20～50 千克生长发育的绵羊，每千克空腹增重所需的热值，轻型体重羔羊为 12.56～16.75 兆焦，重型体重羔羊为 23.03～31.40 兆焦。同一羊品种活重相同时，公羊每千克增重所需的能量是母羊的 82%。在生产实际中计算增重所需的能量，需将空腹重换算成活重。

$$估计活重 = 空腹重 \times 1.195$$

（3）妊娠需要：NRC 认为，妊娠前 15 周，青年妊娠母羊能量需要 = 维持能量 + 本身生长增重能量 + 胎儿增重和妊娠产物能量；成年妊娠母羊能量需要 = 维持能量 + 胎儿增重和妊娠产物能量。

妊娠期的后 6 周胎儿增重快，对能量的需要量大，妊娠母羊（单羔）总能量需要 = 维持需要 ×1.5；妊娠母羊（双羔）总能量需要 = 维持需要 ×2.0。

（4）泌乳需要：包括维持和产乳需要。羔羊在哺乳期增重与母乳的需要量之比为 1:5。羊在产后 12 周泌乳期内，代谢能转化为泌乳净能的效率为 65%～83%，

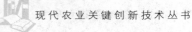

带双羔母羊比带单羔母羊的能量转化率高。

2.蛋白质

蛋白质是羊机体必需的重要成分,不仅是各种组织、器官,也是体内酶、激素、抗体及肉、皮、毛等产品的主要成分。蛋白质的营养作用是碳水化合物、脂肪等营养物质所不能替代的。

肉羊摄入的日粮蛋白质,一部分被瘤胃微生物降解,用于合成瘤胃微生物蛋白质,日粮中未被降解的蛋白质和瘤胃微生物蛋白质进入小肠,组成小肠蛋白质,被消化吸收和利用。因此,近代肉羊蛋白质营养体系均以小肠蛋白质为基础,只是表达方式不同。如美国(NRC,1996,2001)用可代谢蛋白质,我国用小肠表观可消化粗蛋白等。

3.矿物质

矿物质是构成机体组织不可缺少的成分之一,特别是骨骼和牙齿主要由矿物质组成。同时,矿物质参与体内各种生命活动,是保证羊体健康生长必需的营养物质。

(1)钙和磷:肉羊的日粮中钙磷比以 2:1 ~ 1.5:1为宜。日粮中缺乏钙或钙、磷比例不当时,羊食欲减退、消瘦、生长发育不良,幼羊患佝偻病,成年羊患软骨症或骨质疏松症。磷缺乏时,羊出现异食癖,如吃羊毛、砖块、泥土等。一般植物性饲料都缺钙,但豆科牧草和苋科植物中含钙量较多。农作物秸秆含磷较低,谷实类、饼粕、糠麸含磷较高,动物性饲料如鱼粉含磷丰富。日粮补钙磷,常使用骨粉或磷酸氢钙。

(2)钠和氯:钠和氯是胃液的分子,与消化机能有关。钠和氯也是维持渗透压和酸碱平衡的重要离子,并参与水的代谢。钠和氯元素长期缺乏,会导致羊食欲下降。补充钠和氯一般用食盐,可提高羊的食欲,促进生长。植物性饲料尤其是作物秸秆含钠、氯较少,应经常给羊喂盐。一般按日粮干物质的0.15%～0.25%或混合精料的0.5%～1%补给。青粗饲料中含钾多,钾能促进钠的排出,对放牧饲养的羊要多补一些食盐,以粗饲料为主的羊要比以精料为主的羊多喂些。

(3)镁:镁是骨骼的组成成分,机体中60%～70%的镁存在于骨骼中。镁具有许多生理功能,如维持神经系统正常功能,作为磷酸酶、氧化酶等多种酶的活化因子,在碳水化合物、蛋白质和脂肪代谢中起重要作用等。肉羊缺镁,表现生长受阻、过度兴奋、痉挛、厌食、肌肉抽搐,甚至昏迷死亡。牧区肉羊多发生此病,舍饲肉羊很少发生。牧区可通过对牧草施镁肥来预防。

(4)硫:硫是蛋氨酸、胱氨酸、半胱氨酸等含硫氨基酸的组成成分,硫对合成体蛋白、激素和被毛以及碳水化合物代谢有重要作用。羊瘤胃中微生物能利用无机硫和非蛋白氮合成含硫氨基酸,日粮干物质中氮硫比例以 5:1～10:1 为宜。在喂尿素的同时,每日可补给硫酸铜 10 克,可有效提高产毛量,增加羊毛强度和长度,并且对防止羊肠毒血症有一定效果。

(5)铁:铁主要存在于羊的肝脏和血液中,为血红素和呼吸酶的成分。缺铁时,羊易患贫血症,羔羊尤为敏感。供铁过量时磷的利用率降低,会导致软骨症。幼嫩的青绿饲料和谷类含铁丰富。

(6)铜:铜是许多氧化酶的组成成分,参与造血过程,促进血红素的合成。当羊缺铜时,会减少铁的利用,造成贫血、消瘦、骨质疏松、皮毛粗硬、毛皮质量下降等。铜过量会引起中毒,尤其是羔羊对过量铜耐受力较差。一般饲料中含铜较多,但缺铜地区土壤生长的植物含铜量较低,容易引起铜缺乏症,可用硫酸铜、氯化铜补充。

(7)锌:锌是构成体内多种酶的重要成分,参与脱氧核糖核酸的代谢作用,能促进性腺活动和提高繁殖机能。锌还可防止皮肤干裂和角质化。日粮中缺乏锌时,羔羊生长缓慢,皮肤角化不全,可见脱毛和皮炎;公羊睾丸发育不良。锌在青草、糠麸、饼粕类饲料中含量较多,玉米和高粱中含量较少。日粮高钙易引起缺锌。

(8)锰:锰对羊的生长、繁殖和造血都有重要作用,为多种酶的激活剂,能影响体内一系列营养物质的代谢。严重缺锰时,羔羊生长缓慢,骨组织损伤,易骨折并影响繁殖机能。锰在青绿饲料、米糠、麸皮中含量丰富,谷实、块根、块茎中含量较低。

（9）钴：钴是维生素 B_{12} 的组成成分，饲料缺钴会影响维生素 B_{12} 的合成。当每千克饲草干物质含钴量低于 0.07 毫克时应补充，一般选用硫酸钴或氯化钴。

（10）硒：硒是谷胱甘肽过氧化酶的组成成分。这种酶有抗氧化作用，能把过氧化脂类还原，防止这类毒素在体内蓄积。缺硒可引起白肌病，羔羊更敏感。肉羊对硒的需要量为每千克日粮干物质 0.1～0.3 毫克。在缺硒地区要补硒，一般用亚硒酸钠（表2）。

表2　肉羊对日粮硫、维生素、微量矿物质元素的需要量

（单位：毫克/千克）

体重阶段	生长羔羊 4～20 千克	育成母羊 25～50 千克	育成公羊 20～70 千克	育肥羊 20～50 千克	妊娠母羊 40～70 千克	泌乳母羊 40～70 千克
硫（克/天）	0.24～1.2	1.4～2.9	2.8～3.5	2.8～3.5	2.0～3.0	2.5～3.7
维生素 A（国际单位/天）	188～940	1 175～2 350	940～3 290	940～2 350	1 880～3 948	1 880～3 434
维生素 D（国际单位/天）	26～132	137～275	111～389	111～278	222～440	222～380
维生素 E（国际单位/天）	2.4～12.8	12～24	12～29	12～23	18～35	26～34
钴	0.018～0.096	0.12～0.24	0.21～0.33	0.2～0.35	0.27～0.36	0.3～0.39
铜	0.97～5.2	6.5～13	11～18	11～19	16～22	13～18

（续表）

体重阶段	生长羔羊 4~20 千克	育成母羊 25~50 千克	育成公羊 20~70 千克	育肥羊 20~50 千克	妊娠母羊 40~70 千克	泌乳母羊 40~70 千克
碘	0.08~0.46	0.58~1.2	1.0~1.6	0.94~1.7	1.3~1.7	1.4~1.9
铁	4.3~23	29~58	50~79	47~83	65~86	72~94
锰	2.2~12	14~29	25~40	23~41	32~44	36~47
硒	0.016~0.086	0.11~0.22	0.19~0.30	0.18~0.31	0.24~0.31	0.27~0.35
锌	2.7~14	18~36	50~79	29~52	53~71	59~77

注：参考《肉羊饲养标准》（NY/T 816－2004）。

4. 维生素

维生素对维持羊的健康、生长和繁殖十分重要。成年羊瘤胃微生物能合成维生素 B 族、维生素 C 及维生素 K，这些维生素除哺乳期羔羊外一般不会缺乏。在羊的日粮中，要保证足够的维生素 A、维生素 D 和维生素 E。

（1）维生素 A：维生素 A 仅存于动物体内。植物性饲料中的胡萝卜素作为维生素 A 原，可在动物体内转化为维生素 A。维生素 A 与视觉、上皮细胞组织的完整、繁殖性能、骨骼的生长发育，脑脊髓液、皮质酮的合成等都有关系。缺乏维生素 A 时，羊只食欲减退，采食量下降，增重减缓，导致夜盲症。严重缺乏时，上皮组织增生、角质化，抗病力明显下降，羔羊生长停滞、消瘦。公羊性机能减退，精液品质下降，母羊受胎率下降，性周期紊乱,流产,胎衣不下。维生素 A 来源于动物产品,主要是鱼肝油,以多脂的形式存在。胡萝卜素在豆科牧草和青绿饲料中含量较多,叶子的绿色深浅显示胡萝卜素含量的多少。

(2)维生素 D:维生素 D 最基本功能是促进肠道对钙和磷的吸收,以提高血钙和血磷的水平,促进骨骼的钙化。维生素 D 缺乏时,会造成羔羊佝偻病和成年羊软骨病,并且还可引起羊的免疫力下降。阳光照射是获得维生素 D 最廉价的来源。在圈养或冬季放牧减少时,饲料日粮中可补充维生素 D。

(3)维生素 E:维生素 E 是一种抗氧化剂,能防止易氧化物质的氧化,维持细胞膜完整。维生素 E 不仅能增强羊的免疫力,而且具有抗应激的作用。缺乏维生素 E,羔羊可引起肌肉营养不良或白肌病,缺硒时又能促使症状加重;公羊表现为睾丸发育不全,精子活力降低,性欲减退,繁殖能力明显下降,母羊出现性周期紊乱、受胎率降低。维生素 E 的来源很广,各种植物原料都含维生素 E,但是在加工和贮存过程中维生素 E 损失较大(30% ~ 50%)。达不到营养标准时,可补加维生素 E。

(4)维生素 K:维生素 K 主要参与凝血活动,是前凝血酶原(因子Ⅱ)、血浆促凝血酶原激酶(因子Ⅸ)等激活时所必需的物质,缺乏维生素 K 时凝血时间延长。

（5）B族维生素：包括维生素 B_1、维生素 B_2、维生素 B_6、维生素 B_{12}、烟酸、泛酸、叶酸、生物素和胆碱等。B族维生素主要是作为辅酶，催化碳水化合物、脂肪和蛋白质代谢中的各种反应，长期缺乏和不足可引起代谢紊乱和体内酶活力降低。羊的机能正常时，瘤胃微生物能合成足够的B族维生素，但是羔羊易缺乏，所以应该注意补充。

（6）维生素C：维生素C又称抗坏血酸，在促进铁离子吸收和体内转运方面起重要作用。缺乏维生素C时，羊周身出血、牙齿松动、贫血、生长停滞、关节变软等。高温、寒冷运输等逆境和应激状态下，日粮能量、蛋白、维生素E、硒和铁等不足时，羊对维生素C的需要量增加，注意补加。

5. 水

一般水分占羊体重的60% ~ 70%，是饲料消化、吸收、营养物质代谢、排泄及体温调节等所必需。当体内水分不足时，羊的胃肠蠕动减慢，消化机能紊乱，体温调节功能遭到破坏。脂肪过度沉积会促发肠毒血症，并出现肾炎等症状。需水量因体重、气温、日粮及饲养方式不同而异，夏季、春末、秋初饮水量增大，冬季、春初和秋末饮水量较少。一般每采食1千克饲料干物质，需水2 ~ 3千克。成年羊一般每日需饮水3 ~ 4千克，每日应让羊自由饮水2 ~ 3次。

6. 粗纤维

粗纤维是碳水化合物的重要组成部分,包括纤维素、半纤维素和木质素等,是肉羊日粮中必需的营养物质。

(1)提供大量能源。饲粮纤维在瘤胃中发酵所产生的挥发性脂肪酸(VFA),是反刍动物主要的能源物质。挥发性脂肪酸能为羊提供能量需要的 70% ~ 80%,可见饲粮纤维发酵对能量代谢的重要意义。VFA除了为羊提供能量,还参与各种代谢。

(2)促进胃肠道的消化吸收。纤维素可刺激胃肠道,促进胃肠蠕动和粪便的排泄。此外,纤维素还对维持正常的微生态系统平衡,促进瘤胃的发育和动物的健康有重要的作用。

(3)控制采食量。饲料中中性洗涤纤维(NDF)组分的消化速度通常较慢,被认为是与瘤胃充满程度效应相关的主要饲料成分因子。在 NDF 含量超过 35% 时,瘤胃充满程度直接限制 DMI。

(4)维持健康和生产性能。足量的纤维或优质粗饲料,可以维持羊健康及改善生产性能。VFA 中丙酸比例增加,有利于肥育。因此,控制适宜的粗纤维水平,则有利于肉羊的肥育。

此外,日粮中适宜的粗纤维水平,对于维持肉羊健康具有重要意义。如果日粮中粗饲料用量不足、纤维水平过低,会降低瘤胃 pH 和瘤胃内微生物菌群活性,导致一些代谢病。

（5）饲粮纤维水平。研究表明,适宜的饲粮纤维水平可防止采食量下降,预防酸中毒、瘤胃黏膜溃疡和蹄病。饲粮纤维或高或低,都不利于能量利用。2～6月龄羔羊以7%～11%为宜,6～12月龄羊以17%～22%为宜,成年羊以20%～23%为宜。

7.影响营养需要量的因素

（1）个体因素:包括肉羊年龄、性别、健康状况、活动能力等。如幼龄羊代谢旺盛,营养需要相对高于成年羊。育肥期一般公羊比母羊营养需要量多。羊体重愈大,营养需要量也愈多。运动量大,营养需要量也多。同一个体不同生理状态下,体内激素分泌水平不同,对代谢影响不同,因此营养需要也不同。如健康状况良好的肉羊明显比患病肉羊营养需要高。

（2）日粮组成和饲养的影响:肉羊的营养需要,不仅受个体因素的影响,同样也受饲粮组成及饲养的影响。

肉羊由于瘤胃特殊的营养生理作用,不同饲料或饲粮用于维持的代谢效率（MEm/GEm）不同,而代谢率与饲粮代谢能用于维持的利用效率呈正相关,因此饲粮组成变化引起代谢率变化,最终将影响维持能量需要。饲料种类不同对蛋白质维持需要同样有很大影响。秸秆饲料比含氮量相同的干草产生的代谢粪氮更多,相应增加维持总氮需要。

肉羊的营养需要明显受饲养水平的影响。日粮中适当增加植物细胞壁成分比例,经发酵后可提高饲粮代谢能含量,自然减少维持需要;相反,过量饲喂或瘤胃过度发酵,因食糜通过消化道的速度加快或瘤胃 pH 下降而降低饲粮代谢能含量,会增加维持需要。饲粮代谢能浓度增加也增加维持需要。

(3)环境的影响:肉羊体温、体产热都受环境温度影响。体内营养物质代谢强度与环境温度直接相关,环境温度每变化 10℃ ,营养物质代谢强度将提高 2 倍,因此,环境温度过高过低均增加营养需要。环境温度每增加 10℃ ,肉羊维持营养需要增加 41% 。

(二)肉羊饲养标准

饲养标准是指根据大量饲养试验结果和动物实际生产经验的总结,对特定动物所需营养物质的定额做出规定。包括肉羊用于维持、生长、妊娠和泌乳的干物质进食量、消化能、代谢能、总净能、粗蛋白质、可消化粗蛋白质、钙、总磷和食盐每天需要量值等。

1. 种公羊的饲养标准

在配种期内,要根据种公羊的配种强度和采精次数,合理调整日粮的能量和蛋白质水平,并保证日粮中可消化蛋白质的比例。公羊的射精量一般为 0.7 ~ 1.2 毫升,每毫升精液所消耗的营养物质约等于 50 克可消

肉羊产业先进技术

化蛋白(表3、表4)。

在非配种期种公羊的营养水平可相对降低,日粮的粗饲料比例可适当提高。配种结束后的最初 1~60 天,应继续饲喂配种期日粮,待公羊的体况基本恢复后再逐渐改喂非配种期日粮。种公羊日粮不能全部采用干草或秸秆,必须保持一定比例的混合精料。此时供应的混合精料以每日 0.5~0.8 千克为宜,总饲料量每日在 1.8~2.5 千克。

表3　　　　　育成公羊的饲养标准(每只每日)

月龄	体重(千克)	风干饲料(千克)	消化能(兆焦)	消化粗蛋白质(克)	钙(克)	磷(克)	食盐(克)	胡萝卜素(毫克)	维生素D(国际单位)
4~6	35	1.4	15.7	95	4.5	3.2	9	7.5	195
6~8	40	1.6	17.8	105	5.7	3.5	9	7.5	236
8~10	45	1.8	18.8	113	6.0	3.9	9	7.5	255
10~12	50	2.0	21.6	123	6.5	4.3	9	7.5	275
12~18	62	2.2	22.1	130	6.9	4.5	9	7.5	340

表4　　　　　种公羊的饲养标准(每只每日)

体重(千克)	风干饲料(千克)	消化能(兆焦)	消化粗蛋白质(克)	钙(克)	磷(克)	食盐(克)	胡萝卜素(毫克)	维生素D(国际单位)
			非配种期					
70	2.0	18.6	125	5.5	2.8	13	18	500
80	2.1	19.9	135	6.5	3.5	13	18	540
90	2.2	21.1	145	7.5	4.5	13	18	580
100	2.3	22.8	155	8.5	5.5	13	18	615

（续表）

体重（千克）	风干饲料（千克）	消化能（兆焦）	消化粗蛋白质(克)	钙（克）	磷（克）	食盐（克）	胡萝卜素（毫克）	维生素D（国际单位）
配种期（日配种2~3次）								
70	2.4	25.2	215	9.5	7.3	18	25	780
80	2.5	26.8	225	10.0	7.8	18	25	820
90	2.6	28.5	235	11.0	8.5	18	25	860
100	2.8	29.3	245	12.0	9.0	18	25	900
配种期（日配种4~5次）								
70	2.6	28.5	315	13.5	9.5	18	35	860
80	2.8	31.0	330	14.5	10.0	18	35	900
90	2.9	32.2	340	15.5	11.5	18	35	950
100	3.0	33.5	355	16.5	12.5	18	35	1 000

2. 母羊的饲养标准

（1）空怀期母羊的维持营养需要量:此期是繁殖母羊生理恢复阶段,正常的消化、吸收、循环、体温等基本生命活动,需要一定的维持营养量。在高效养羊生产体系中,空怀母羊的营养水平要求较高,尽快恢复,才能开展下一步的繁殖活动(表5)。

表5　　　　　　空怀期母羊的营养需要量

体重（千克）	DMI（千克/天）	消化能（兆焦/天）	代谢能（兆焦/天）	总净能（兆焦/天）	粗蛋白质（克/天）	DCP（克/天）	钙（克/天）	总磷（克/天）	食盐（克/天）
40	0.9	7.6	6.5	4.9	36.8	27.7	2.5	2.7	5.8
50	1.1	9.0	7.7	5.8	43.4	32.7	2.8	2.8	6.5
60	1.3	10.3	8.8	6.7	49.8	37.5	3.1	2.9	7.3
70	1.4	11.6	8.9	7.5	55.9	42.1	3.2	3.0	8.5

（2）妊娠期母羊的营养需要量：母羊妊娠后，甲状腺、脑垂体等一些内分泌腺的分泌机能加强，胎儿生长发育对营养的需要量不断增加，母体的物质和能量代谢明显提高。在整个妊娠期间，母体的代谢率平均增加 $11\% \sim 14\%$；妊娠后期增加 $30\% \sim 40\%$。同时此期母羊具有较强的贮积营养物质的能力，在同样的饲粮条件下，妊娠母羊的增重高于空怀母羊。在妊娠期间，能量和营养物质在母体内的沉积速度逐渐增加。

在妊娠期的前三个月内胎儿生长发育最强烈，但增重较少。这时母羊对日粮的营养水平要求不高，但必须提供优质的蛋白质、矿物质和维生素，以满足胎儿生长发育的营养需要。在妊娠的后两个月，胎儿和母羊本身增重速度加快，母羊增重的 90% 和胎儿贮存蛋白质的 80% 在这个时期内完成。随着胎儿的生长发育，母羊腹腔容积逐渐减少，采食量受限，草、料容积过大或水分含量过高，均不能满足母羊对干物质的要求。妊娠后期热能代谢比空怀期高出 $15\% \sim 20\%$，50 千克体重的成年母羊需要可消化蛋白质 $90 \sim 120$ 克，钙 $7 \sim 8$ 克，磷 $4.0 \sim 4.5$ 克，钙磷比为 $2:1 \sim 2.3:1$，胡萝卜素 $10 \sim 12$ 克（表6）。

（3）泌乳期母羊的营养需要量：泌乳母羊代谢旺盛，从乳汁中排出大量的营养物质，特别是母羊产后 $4 \sim 6$ 周泌乳量达到高峰，泌乳所需要的营养物质无疑要从饲料中获得。据研究,羔羊平均每增重 100 克,母羊约需 4.186 兆焦消化能,36 克可消化蛋白质,1.9 克钙和 1.2 克磷以及足量的维生素和矿物质(表 7、表 8)。

表 6　　　　　　　妊娠期母羊营养需要量

体重 (千克)	DMI (千克/ 天)	消化能 (兆焦/ 天)	代谢能 (兆焦/ 天)	总净能 (兆焦/ 天)	粗蛋 白质 (克/天)	DCP (克/ 天)	钙 (克/ 天)	总磷 (克/ 天)	食盐 (克/ 天)
妊娠前期									
40	1.6	12.8	10.5	7.9	93.0	70.1	3.0	2.0	6.6
50	1.8	14.0	11.5	8.7	99.8	75.2	3.2	2.5	7.5
妊娠后期									
40	1.8	26.1	21.4	16.2	218.0	164.2	7.0	4.0	7.9
50	2.0	26.5	21.8	16.5	217.0	163.4	8.0	4.6	8.7

表 7　　　　　　　哺育单羔泌乳母羊营养需要量

体重 (千克)	泌乳量 (千克/ 天)	DMI (千克/ 天)	消化能 (兆焦/ 天)	代谢能 (兆焦/ 天)	总净能 (兆焦/ 天)	粗蛋白 质(克/ 天)	DCP (克/ 天)	钙 (克/ 天)	总磷 (克/ 天)	食盐 (克/ 天)
40	0	2	10.6	9.2	7.2	38.3	24	7.0	4.3	8.3
	0.5	2	16.9	14.6	9.7	104.3	65	7.0	4.3	8.3
	1	2	23.2	20	12.3	170.3	106	7.0	4.3	8.3
	1.5	2	29.4	25.4	14.8	236.3	147	7.0	4.3	8.3
	2	2	35.7	30.8	17.4	302.3	188	7.0	4.3	8.3

肉羊产业先进技术

（续表）

体重 （千克）	泌乳量 （千克/ 天）	DMI （千克/ 天）	消化能 （兆焦/ 天）	代谢能 （兆焦/ 天）	总净能 （兆焦/ 天）	粗蛋白 质（克/ 天）	DCP （克/ 天）	钙 （克/ 天）	总磷 （克/ 天）	食盐 （克/ 天）
	0	2.2	12.6	10.8	8.5	45.3	28.3	7.5	4.7	9.1
	0.5	2.2	18.8	16.3	11.0	111.3	69.3	7.5	4.7	9.1
50	1	2.2	25.1	21.7	13.6	177.3	110.3	7.5	4.7	9.1
	1.5	2.2	31.4	27.1	16.1	243.3	151.3	7.5	4.7	9.1
	2	2.2	37.6	32.5	18.7	309.3	192.3	7.5	4.7	9.1

表8　　　　　哺育双羔泌乳母羊营养需要量

体重 （千克）	泌乳量 （千克/ 天）	DMI （千克/ 天）	消化能 （兆焦/ 天）	代谢能 （兆焦/ 天）	总净能 （兆焦/ 天）	粗蛋白 质（克/ 天）	DCP （克/ 天）	钙 （克/ 天）	总磷 （克/ 天）	食盐 （克/ 天）
	0	2	11.3	9.3	7.5	38.3	24	7.0	4.3	8.3
	0.5	2	17.6	14.7	10.0	104.3	65	7.0	4.3	8.3
40	1.0	2	24.1	20.1	12.7	170.3	106	7.0	4.3	8.3
	1.5	2	30.5	25.5	15.3	236.3	147	7.0	4.3	8.3
	2.0	2	37	30.9	17.9	302.3	188	7.0	4.3	8.3
	0	2.2	13.2	11.1	8.9	45.3	28.3	7.5	4.7	9.1
	0.5	2.2	19.7	16.5	11.4	111.3	64.3	7.5	4.7	9.1
50	1.0	2.2	26.2	21.9	14.1	177.3	110.3	7.5	4.7	9.1
	1.5	2.2	32.6	27.2	16.7	243.3	151.2	7.5	4.7	9.1
	2.0	2.2	39.1	32.6	19.3	309.3	192.3	7.5	4.7	9.1

3. 羔羊的饲养标准

(1)哺乳期羔羊的营养需要量:哺乳前期(0～8周龄)主要依靠母乳来满足其营养需要,后期(9～16周龄)则依靠母乳及补饲,要及时地给羔羊单独补饲。哺乳期生长发育非常快,日增重可达200～300克,对蛋白质的质量和数量要求都很高(表9)。

(2)后备羔羊和育成羊的营养需要量:育成阶段,羊只主要依靠草料来维持生长发育。此时增重虽然不如哺乳期速度快,但在8月龄前,若饲养和补饲条件较好,日增重仍可保持180～220克(表10)。

表9　　　　　　　　　哺乳期羔羊的营养需要量

体重 (千克)	日增重 (千克/ 天)	DMI (千克/ 天)	消化能 (兆焦/ 天)	代谢能 (兆焦/ 天)	总净能 (兆焦/ 天)	粗蛋白 质(克/ 天)	DCP (克/ 天)	钙 (克/ 天)	总磷 (克/ 天)	食盐 (克/ 天)
8	0	0.16	2.5	2.1	1.7	14.0	10.9	1.3	0.7	0.7
	0.1	0.16	5.0	4.2	2.4	43.0	33.9	1.3	0.7	0.7
	0.15	0.16	6.4	5.4	2.7	57.5	45.4	1.3	0.7	0.7
	0.2	0.16	7.4	6.2	3.1	72.0	56.9	1.3	0.7	0.7
	0.25	0.16	8.6	7.3	3.4	86.5	68.4	1.3	0.7	0.7
10	0	0.24	3.0	2.5	2.0	16.6	12.9	1.4	0.75	1.1
	0.1	0.24	5.4	4.6	2.7	45.6	35.9	1.4	0.75	1.1
	0.15	0.24	6.6	5.6	3.0	60.1	47.4	1.4	0.75	1.1
	0.2	0.24	7.9	6.6	3.4	74.6	58.9	1.4	0.75	1.1
	0.25	0.24	9.1	7.7	3.7	89.1	70.4	1.4	0.75	1.1

肉羊产业先进技术

表10　　　　后备羔羊和1岁育成羊营养需要量

体重(千克)	日增重(千克/天)	DMI(千克/天)	消化能(兆焦/天)	代谢能(兆焦/天)	总净能(兆焦/天)	粗蛋白质(克/天)	DCP(克/天)	钙(克/天)	总磷(克/天)	食盐(克/天)
30	0	0.9	6.6	5.5	3.9	32.2	23.5	1.4	1.4	8.6
	0.1	1.0	10.1	8.5	5.4	97.2	70.5	2.5	2.2	8.6
	0.2	1.1	13.7	11.5	6.9	162.2	117.5	3.6	3.0	8.6
	0.3	1.2	17.3	14.5	8.4	227.2	164.5	4.8	3.8	8.6
40	0	1.2	8.1	6.8	4.9	39.9	29.1	1.8	1.6	9.6
	0.1	1.3	11.7	9.8	6.4	104.9	76.1	3.1	2.7	9.6
	0.2	1.3	15.3	12.8	7.9	169.9	123.1	4.4	3.6	9.6
	0.3	1.4	18.9	15.8	9.4	234.7	170.1	5.7	4.5	9.6
50	0	1.4	9.6	8.1	5.7	47.4	34.4	2.2	1.8	11.0
	0.1	1.5	13.2	11.1	7.2	112.4	81.4	3.7	3.2	11.0
	0.2	1.6	16.8	14.1	8.7	177.4	128.4	5.2	4.2	11.0
	0.3	1.6	20.3	17.1	10.2	242.4	175.4	6.7	5.2	11.0

(三)常用粗饲料的加工调制技术

1. 青干草的加工调制技术

青干草是青草或其他青绿饲料植物在未结子实以前收割,经干制而成,仍保留一定的青绿颜色。青干草颜色青绿、叶量丰富、质地较柔软、气味芳香、适口性好,含有较多的蛋白质、维生素和矿物质,可保存青饲料养成分。

调制的关键是适时收割,采取适宜的干燥方法,加快植物中水分蒸发速度,缩短干燥时间,尽量减少营养损失。

青干草主要有禾本科青干草,如羊草、黑麦草、苏丹草等;豆科青干草,如苜蓿、沙打旺、三叶草等;混合青干草,主要是天然草场和混播牧草地刈割牧草调制的干草。青干草调制包括牧草的适时收割、干燥、贮藏和加工等,成品干草的含水量一般在15%以下。

(1)收割:一般豆科牧草应在初花期(10%开花的时期)刈割,禾本科牧草应在抽穗至初花期刈割。适宜的刈割高度既能获得高产草量,又能得到优质的牧草。一般人工牧草刈割高度为5~6厘米,粗大牧草、高大杂类草的刈割高度为10~15厘米。

(2)干燥:刚刈割的牧草含水量一般为65%~85%,需要通过干燥,使水分降低到15%~18%,才能抑制植物酶和微生物的活动,确保长期保存。牧草干燥分为自然干燥和人工干燥两大类(图12)。自然干燥不需要特殊的设备,但在很大程度上受天气条件的限制,常用的有田间干燥和草架干燥。人工干燥法就是利用加热、通风的方法调制干草,干燥时间短,可以减少牧草自然干燥过程中营养物质的损失,使牧草保持较高的营养价值,可进行大规模工厂化生产。主要有常温鼓风干燥、低温烘干和高温快速干燥。此外,还可采用传统的草垛晒制干草方法。

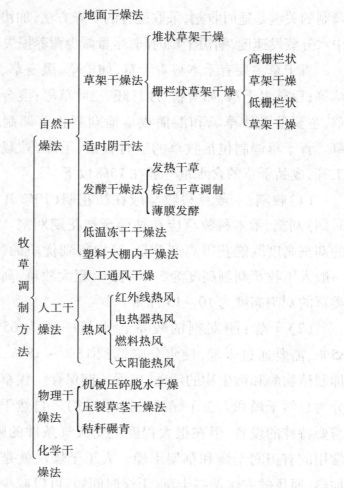

图 12　牧草干燥方法

（3）加工：牧草干燥到一定程度后，可以加工成草捆、草粉或草粒。

草捆加工：用打捆机进行打捆，便于运输和贮存，并能保持干草的芳香气味和色泽。一般在牧草含水量15%~20%时打捆,如果喷入防腐剂丙酸,打捆时牧草的含水量可高达30%,可有效防止叶和花序等柔嫩部分折断。

草粉加工:主要有牧草草粉、苜蓿草粉、串叶松香草草粉、作物秸秆草粉,如花生秧粉、地瓜秧粉等。加工草粉的原料主要有优质豆科和禾本科牧草。干草用锤式粉碎机粉碎,制成干草粉。

草粉质量的评价指标主要有含水量、粗蛋白质、粗纤维含量及杂质含量等,如我国常用的苜蓿草粉质量标准(表11)。

表 11　　　　我国饲料用的苜蓿草粉质量标准

质量指标	一级	二级	三级
粗蛋白质(%)	≥18.0	≥16.0	≥14.0
粗纤维(%)	<25.0	<27.5	<30.0
粗灰分(%)	<12.5	<12.5	<12.5

草粒加工:将草粉通过制粒机压制成草粒,直径为0.64~1.27厘米,长度为0.64~2.54厘米。草粒减少了氧化作用,减少了胡萝卜素等养分的氧化损失。

(4)贮藏:调制好的青干草或草粉,最好存放在草棚内,露天存放时应盖好,以防雨淋。贮存处应保持干燥、凉爽、避光、通风,注意防火、防潮、灭鼠,防止酸、碱、农药等造成污染。

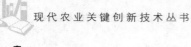

2. 青贮玉米制作

青贮玉米具有产量高、营养丰富,能提高适口性和消化率,便于大量贮存和长期保存等特点。青贮玉米柔嫩多汁且具有酸香气味,能刺激羊的食欲。发酵产生的乳酸能促进羊消化液的分泌,提高消化率。玉米植株高大,生长迅速,茎秆含糖量高,尤其适于专门种植制作青贮饲料。带穗整株青贮玉米产量高,每亩产鲜秸秆一般为 3~4 吨,高产地块可达 8 吨以上。收穗后的玉米秸,在茎秆和叶片呈绿色时青贮,仍是较好的青贮原料。每千克青贮玉米含粗蛋白质 20 克,含可消化蛋白质12.04克,胡萝卜素 11 毫克,尼克酸 10.4 毫克,维生素 C 75.7毫克,维生素 A 18.4 国际单位。青贮玉米含钙7.8毫克/千克,铜9.4毫克/千克,钴11.7 毫克/千克,锰25.1毫克/千克,锌110.4毫克/千克和铁227.1毫克/千克。全株玉米青贮每千克相当于 0.4 千克优质干草。每立方米带穗青贮玉米重量为 500~550 千克,青贮玉米秸为 450~500 千克。如果保存得当,最长可保存 20多年。

贮存青贮饲料主要有青贮窖、青贮壕、青贮塔及青贮袋等。青贮设施的容量和容积应根据饲养规模来确定。

圆形窖(塔)贮藏量 = $3.14 \times$ 内半径$^2 \times$ 高度青贮料单位体积重量

长方形窖(池)贮藏量＝长×宽×高×青贮料单位体积重量

其中,青贮料单位体积重量与原料的种类、含水量、切碎压实程度等有关(表12)。

表12　　　　　常见青贮饲料重量估计

青贮原料种类	青贮饲料重量(千克/米^3)
全株玉米、向日葵	500 ~ 550
去穗玉米秸	450 ~ 500
甘薯秧	700 ~ 750
牧草、野草类	550 ~ 600
萝卜叶、芜菁叶	600
叶菜类	800

(1)适时收割:玉米带穗青贮,应在乳熟至蜡熟期即玉米收割前 15 ~ 20 天。掰穗后的玉米秸秆青贮,应在子粒基本变硬且整株较绿时,越早收割越好(表13)。

(2)运输:割下的玉米秸要及时运到青贮地点,以防在田间时间过长水分蒸发,因细胞呼吸作用造成养分损失。

(3)切碎:将玉米秸切成 2 ~ 3 厘米,以利于装窖时踩实、压紧、排出空气,沉降也较均匀,养分损失少。同时切短的植物组织渗出大量汁液,有利于乳酸菌生长,加速青贮过程。

表13	常用青贮原料适宜收割期	
青贮原料种类	收割适期	含水量(%)
全株玉米(带果穗)	乳熟期	65
收玉米后株秆	果粒成熟立即收割	50~60
豆科牧草及野草	现蕾期及开花初期	70~80
禾本科牧草	孕穗及抽穗期	70~80
甘薯秧	霜前或收薯期1~2天	86
马铃薯茎叶	收薯前1~2天	80

（4）装填与压实：原料要分层装填，装填速度要快，原料暴露在空气中的时间越短越好。每装填30厘米的原料要充分压实。

（5）青贮池的密封和覆盖：装填的青贮原料要高出池面40~60厘米，加盖一层塑料薄膜，再盖土30~50厘米厚，拍实密封。

（6）青贮池的启用：经过1个月的发酵，青贮制作完成。从青贮池的一端开始取用，每次取用后须用塑料布或草帘盖严，以免霉烂、冻结或掉进泥土。

青贮玉米秸质量的好坏，通过眼看、手摸、口尝，根据青贮玉米秸的颜色、气味和结构等来综合评定，一般分为3个等级。

优良：青绿色或黄绿色并有光泽，接近于原来青贮前的颜色；气味芳香宜人，具有浓郁酒酸香味，口感舒适，质地柔软；结构紧密、湿润，茎叶还保持原状并且易于分开。

中等:黄褐色或暗褐色,酸味中等,香味较淡,茎叶部分保持原状,柔软、水多。

低劣:黑色或暗绿色,具有特殊的刺鼻腐臭味或霉味,无酸味或酸味较淡。大部分腐烂成污泥状黏滑或干燥,或粘结成块。

3. 秸秆氨化技术

氨化是最经济简便而又实用的秸秆处理方法。根据利用氨源的不同,秸秆氨化可分为液氨氨化、尿素氨化、碳酸氢铵氨化和氨水氨化等,以液氨氨化、尿素氨化效果较好。当氨遇到秸秆时发生化学反应,形成氨盐(醋酸铵)。铵盐是一种非蛋白氮化合物,是肉羊瘤胃微生物的氮素营养源。铵盐可代替肉羊蛋白质需要量的25%~50%。氨与秸秆中有机酸结合,消除了醋酸根,中和了秸秆酸度。由于瘤胃呈中性,pH7.0,中和作用使瘤胃微生物更活跃,可提高消化率。同时氨盐改善了秸秆的适口性,提高了肉羊的采食量和消化度。

4. 秸秆微贮技术

在微贮饲料中加入了高活性发酵菌种,发酵菌在适宜的厌氧环境下,分解大量的纤维素和半纤维素,甚至一些木质素,并转化为糖类。糖类经有机酸发酵转化为乳酸、乙酸和丙酸,pH降至4.5~5.0,加速了微贮饲料的生物化学作用,抑制了丁酸菌、腐败菌等有害菌的繁殖。秸秆微贮技术制作技术简便,成本低、效益高,每吨秸秆制成微贮饲料只需用 3 克秸秆发酵活干菌（价值 10 元），而每吨秸秆氨化则需用 30～50 千克尿素（30～50 元）。秸秆经微贮处理，可使粗硬秸秆变软并具有酸香味，会刺激肉羊的食欲，提高了采食量。

（四）日粮配合

日粮配合对于提高肉羊的生产性能，提高饲料利用率，降低饲料成本，提高经济效益有着重要的意义。

1. 日粮配合的原则

（1）根据肉羊在不同饲养阶段的营养需要量，确定营养标准，采用饲养标准配制日粮。

（2）日粮配合应以青、粗饲料为主，适当搭配精料。

（3）充分利用本地饲料资源，力求保持饲料种类稳定。

（4）了解饲料的特性，注意饲料原料的多样化。

（5）注意饲料原料的品质和适口性。

（6）注意饲料的安全性和合法性。

2. 日粮配合方法

日粮是指肉羊在一昼夜内所采食的各种饲料的总和。日粮配合有方程法、试差法和计算机法。方程法指包括两种来源和一种营养物质的日粮，可通过解方程的方法进行配合。试差法的计算数据清楚，容易掌握。该方法是根据肉羊饲养标准有关营养指标，首先粗略地配制一个日粮,然后按照饲料成分表计算每种饲料中养分的含量。最后把各种养分的总量与饲养标准相比较,看是否符合或接近饲养标准要求。若哪种养分比饲养标准过高或过低,要对日粮进行调整。计算机法则把各种饲料中所含的营养成分和单价输入计算机内贮存,输入饲养标准所要求各项营养素的需要量,再输入计算机程序(即线性规划),计算出各种营养素都符合营养需要的最低成本配方。目前国内较大型种羊场或饲料加工厂都广泛采用计算机进行饲粮配合计算,能充分利用各种饲料资源,降低配方成本。

现以试差法为例,说明羔羊育肥日粮的具体配制步骤。

(1)根据育肥羊群的平均体重和预期达到的日增重水平选定饲养标准,确定配合日粮的营养水平,并查羊饲料营养成分表,列出所用饲料的养分含量。

(2)确定各类粗饲料的喂量:粗饲料是肉羊日粮的主体,一般粗饲料的干物质采食量占育肥羊体重的2%~3%。选定所用粗饲料种类及每只羊日喂量,以风干物质为基础,计算出各种粗饲料所提供的营养成分,得出总和。

(3)计算应由精饲料提供的养分量:每日的总营养需要与各类粗饲料所提供的养分之差,由精料来补充。

(4)确定混合精饲料的配合比例及数量:根据经验

草拟一个配方,初步计算其营养成分含量,再按照试差法对不足或过剩的养分进行调整。在能量和蛋白质含量以及饲料搭配基本符合要求的基础上,调整补充钙、磷、食盐及添加剂等其他指标。

(5)检查、调整与验证:将所有饲料提供的各种养分进行合计,如果实际提供量与其需要量相差在±5%,说明配方合理。超出此范围,可按前面所讲的方法适当调整个别精饲料的用量。

(6)计算精料补充料配方:求出全日粮型饲料配方后,以风干物质为基础,计算出各种精料(包括矿物质和添加剂)在全日粮型饲料配方中所占百分比,以此为基础计算出精料补充料的配方,以便生产配合饲料。

例:为平均体重40千克、预期日增重300克的生长肉羊配制饲料,原料为青贮玉米秸、青干草、玉米、麸皮、豆粕、磷酸氢钙和食盐。

第一步:查肉羊饲养标准表14,给出每天的养分需要量。

表14　　　　　　　　肉羊每天养分需要量

体重 (克)	日增重 (克)	干物质采食量(千克)	消化能 (兆焦)	粗蛋白 (克)	钙 (克)	磷 (克)	食盐 (克)
40	300	1.4	20.06	200	6.0	3.5	6.0

第二步:查常用饲料营养成分表15,给出所用饲料养分含量。

表15　　　　　　　常用饲料营养成分

饲料名称	干物质（％）	消化能（兆焦/千克）	粗蛋白（克/千克）	钙（％）	磷（％）
青贮玉米秸	22.7	2.26	21	0.1	0.02
青干草	90.6	9.86	89	0.14	0.09
玉米	88.4	16.13	86	0.04	0.21
小麦麸	88.6	11.09	144	0.18	0.78
豆粕	90.6	15.93	430	0.32	0.50
磷酸氢钙	100	0	0	21	16.5
石粉	100			37	

　　第三步,求出粗饲料的营养含量。设粗饲料和精饲料为35∶65,玉米青贮和青干草为3∶1,40千克体重的肉羊需饲料干物质为1.4千克,则粗饲料干物质的投喂量为0.49千克(1.4千克×35％),玉米青贮干物质含量22.7％,投喂量为1.44千克(0.49千克÷22.7％×66.7％),青干草的投喂量为0.18千克(0.49千克÷90.6％×33.3％)。粗饲料的营养价值量为:消化能5.02兆焦,粗蛋白46.0克,钙1.69克,磷0.44克(即玉米青贮营养量和青干草营养量的合计)。由此可以得出补充精料的营养投喂量为:干物质0.91千克,消化能15.04兆焦,粗蛋白145克,钙4.31克,磷2.86克(即由饲养标准减去粗饲料的营养价值量)。

表 16		粗饲料提供的养分含量			

饲料名称	干物质 （千克）	日喂量 （千克）	消化能 （兆焦）	粗蛋白 （克）	钙 （克）	磷 （克）
青贮玉米秸	0.31	1.44	3.25	30	1.44	0.28
青干草	0.18	0.20	1.77	16	0.25	0.16
粗饲料提供	0.49		5.02	46	1.69	0.44
精料需补充	0.91		15.04	154	4.31	3.06

第四步：草拟精料补充料配方，假设精料混合料配方为：玉米62%，小麦麸18.4%，豆粕17%，食盐1.0%，磷酸氢钙0.5%，石粉0.6%，微量元素和维生素预混料0.5%，将所需精料干物质0.91千克按上述比例分配到各种精料中，并计算营养含量。

表 17		草拟精料补充料配方营养含量			

饲料名称	干物质 （千克）	日喂量 （千克）	消化能 （兆焦）	粗蛋白 （克）	钙 （克）	磷 （克）
玉米	0.564 2	0.638 2	10.29	55	0.255	0.134
小麦麸	0.167 4	0.188 9	2.09	27	0.340	1.470
豆粕	0.154 7	0.170 8	2.72	73	0.546	0.854
食盐	0.009 1	0.009 1				
磷酸氢钙	0.004 55	0.004 55			0.956	0.751
石粉	0.005 46	0.005 46			2.020	
预混料	0.004 55	0.004 55				
合计	0.91		15.10	155	4.117	3.209

从表 17 可看出,干物质、消化能、粗蛋白已基本满足需要,钙略有不足,磷稍超标,现在用石粉代替部分磷酸氢钙进行调整,调整后的配方如表 18 所示。

表 18　　　　　日粮组成和营养成分含量

饲料名称	干物质（千克）	日喂量（千克）	消化能（兆焦）	粗蛋白（克）	钙（克）	磷（克）
玉米	0.564 2	0.638 2	10.29	55	0.255	0.134
小麦麸	0.167 4	0.188 9	2.09	27	0.340	1.470
豆粕	0.154 7	0.170 8	2.72	73	0.546	0.854
食盐	0.009 1	0.009 1				
磷酸氢钙	0.003 55	0.003 55			0.746	0.586
石粉	0.006 46	0.006 46			2.390	
预混料	0.004 55	0.004 55				
合计	0.91		15.10	155	4.277	3.044

从表 18 可看出,干物质、消化能、粗蛋白、钙、磷已基本满足需要。平均体重 40 千克的生长肉羊日粮配方如表 19 所示。精料混合料配方为:玉米 62%,小麦麸 18.4%,豆粕 17.0%,食盐 1.0%,磷酸氢钙 0.39%,石粉 0.71%,微量元素和维生素预混料 0.5%。

表 19　　　　　日粮组成和营养成分含量

饲料名称	干物质（千克）	日喂量（千克）	消化能（兆焦）	粗蛋白（克）	钙（克）	磷（克）
青贮玉米秸	0.31	1.44	3.39	12	1.50	0.3
青干草	0.18	0.20	1.77	14	0.25	0.16

（续表）

饲料名称	干物质 （千克）	日喂量 （千克）	消化能 （兆焦）	粗蛋白 （克）	钙 （克）	磷 （克）
玉米	0.564 2	0.638 2	10.29	55	0.255	0.134
小麦麸	0.167 4	0.188 9	2.09	27	0.340	1.470
豆粕	0.154 7	0.170 8	2.72	73	0.546	0.854
食盐	0.009 1	0.009 1				
磷酸氢钙	0.003 55	0.003 55			0.746	0.586
石粉	0.006 46	0.006 46			2.390	
预混料	0.004 55	0.004 55				
合计	1.4		20.12	201	5.97	3.48

3. 典型饲料配方

（1）肉羊种公羊饲料配方：如表20所示。

表20　　　　　　　　　种公羊精饲料配方　　　　　　（单位：%）

原料	配方1	配方2
玉米	53.0	55.0
麸皮	10.0	10.0
豆粕	23.0	31
棉粕	8.0	
进口鱼粉	2.0	
食盐	1.0	1.0
石粉	1.0	1.0
磷酸氢钙	1.0	1.0
微量元素+维生素预混料	1.0	1.0
合计	100.0	100.0

（续表）

原料	配方1	配方2
营养成分（风干状态）		
消化能（兆焦/千克）	14.2	14.2
代谢能（兆焦/千克）	11.6	11.7
粗蛋白质（%）	21.0	20.2
可消化粗蛋白质（克/千克）	159	167
钙（%）	0.82	0.82
磷（%）	0.55	0.58

非配种期的种公羊，每日每只补给混合精料0.5～0.7千克，地瓜秧或花生秧粉1.2～1.4千克，优质牧草自由采食。

配种期种公羊每日每只补给混合精料0.8～1.0千克，地瓜秧或花生秧粉1.4～1.5千克，胡萝卜0.5～1.0千克，优质牧草（2千克）自由采食。

（2）妊娠后期母羊精饲料配方：如表21所示。

表21　　　　　孕后期母羊精饲料配方　（单位：千克/只·日）

原料	配方1	配方2
青贮玉米秸	3.2	3.6
地瓜秧粉（或花生秧粉）		0.75
湿白酒糟	1.0	
湿柠檬酸渣	1.0	
豆荚皮	0.35	
精料	0.5	0.6
合计	6.05	4.95

(3)哺乳期母羊精饲料配方:如表 22 所示。

表 22　　　　　　哺乳期母羊精饲料配方　　　　　（单位:%）

原料	配方 1	配方 2
玉米	53.0	55.0
麸皮	10.0	10.0
豆粕	25.0	31
棉粕	8.0	
食盐	1.0	1.0
石粉	1.0	1.0
磷酸氢钙	1.0	1.0
微量元素＋维生素预混料	1.0	1.0
合计	100.0	100.0
营养成分(风干状态)		
消化能(兆焦/千克)	14.2	14.2
代谢能(兆焦/千克)	11.6	11.7
粗蛋白质(%)	21.0	20.2
可消化粗蛋白质(克/千克)	159	167
钙(%)	0.82	0.82
磷(%)	0.55	0.58

(4)哺乳期羔羊补饲颗粒饲料配方:如表 23 所示。

表 23　　　　　哺乳期羔羊补饲颗粒饲料配方　　　　（单位:%）

原料	配方 1	配方 2
地瓜秧粉(或花生秧粉)	20.0	16.0
玉米	47.0	50.0
麸皮	7.0	6.8
豆粕	23.0	18.0

（续表）

原料	配方1	配方2
花生粕		6.0
食盐	0.5	0.5
石粉		0.5
磷酸氢钙	1.5	1.2
微量元素＋维生素预混料	1.0	1.0
合计	100.0	100.0
营养成分（风干状态）		
消化能（兆焦／千克）	14.6	15.0
代谢能（兆焦／千克）	12.1	12.3
粗蛋白质（%）	18.8	19.3
可消化粗蛋白质（克／千克）	147	156
钙（%）	0.71	0.80
磷（%）	0.62	0.55

（5）断奶羔羊育肥颗粒饲料配方：如表24、表25所示。

表24　　　　　4~6月龄育肥颗粒饲料配方　　　　　（单位：%）

原料	配方1	配方2
玉米	27.1	33.2
麸皮	3.7	4.8
豆粕	4.7	6.8
棉子粕	2.2	2.9
氢钙	0.8	0.8
食盐	0.5	0.5
1%预混料	1.0	1.00

（续表）

原料	配方1	配方2
花生秧粉	30.0	25.0
地瓜秧粉	30.0	25.0
合计	100.0	100.0
营养成分（风干状态）		
精料比例（%）	40.0	50.0
消化能（兆焦/千克）	11.6	12.4
代谢能（兆焦/千克）	9.7	10.3
粗蛋白质（%）	12.3	13.4
可消化粗蛋白质（克/千克）	74	86
钙（%）	0.92	0.82
磷（%）	0.3	0.33
粗纤维（%）	22.1	19.3

表25　　　　　　　　6～8月龄育肥颗粒饲料配方

原料	6月龄前（%）	6～8月龄（%）
禾本科草粉	39.5	20.0
豆科草粉	30.0	20.0
秸秆		19.5
精料*	30.0	40
磷酸氢钙	0.5	0.5

（续表）

原料	6月龄前(%)	6~8月龄(%)
营养成分(风干状态)		
干物质(千克/千克)	9.08	8.70
代谢能(兆焦/千克)	131	110
粗蛋白质(克/千克)	9	7
钙(克/千克)	3.7	3.4
磷(克/千克)		

* 精料配方:玉米 62%,豆饼 24%,麸皮 12%,食盐 1%,微量元素 + 维生素预混料 1%。

(6)断奶羔羊育肥饲料配方:如表26、表27 所示。

表26 　　　　　　　3~6月龄育肥饲料配方 　　　　　　　（单位:%）

原料	配方1	配方2
玉米	26.0	21.5
麸皮	7.0	6.9
豆饼		21.5
花生饼		10.3
棉子粕	7.0	
干酒糟	48.0	
玉米粒		17.0
食盐	1.0	0.7

（续表）

原料	配方1	配方2
添加剂	0.4	0.3
草粉	10.0	21.5
尿素	0.6	0.3
合计	100.0	100.0
每只日补饲量	300 克	350～450 克

表 27 　　　　　　　　　**3～6 月龄育肥饲料配方**

原料	配方1(千克/只·日)	配方2(%)	配方3(%)
全株玉米青贮	1.0		
玉米秸粉		40.0	40.0
干苜蓿草		10.0	20.0
白酒糟	0.5		
酱油渣	0.5		
啤酒糟	0.5		
尿素	8～12 克		
精料	0.4	50.0	40.0

*精料配方:玉米 60%,豆饼 15.9%,棉子饼 8.5%,菜子饼 6.2%,麸皮 7%,食盐 1%,石粉 1.4%。

（7）粗饲料型日粮育肥:如表 28 所示。

表 28 　　　　　　　　　**粗饲料型日粮育肥配方**

原料	配方1	配方2	配方3	配方4
全株玉米青贮(%)			65.00	58.75
干草(%)	58.75	53.00	20.00	28.75
玉米(%)	40.00	47.00	5.00	5.00
豆粕(%)	1.25			

（续表）

原料	配方 1	配方 2	配方 3	配方 4
蛋白质补充料（%）*			10.00	7.50
抗生素（毫克/100 千克）	10.0	7.5		
合计	100.00	100.00	100.00	100.00
营养成分（风干状态）				
消化能（兆焦/千克）	12.34	11.88	12.18	11.72
代谢能（兆焦/千克）	10.13	9.75	10.00	9.62
蛋白质（%）	11.37	11.29	11.12	11.00
钙（%）	0.46	0.63	0.61	0.64
磷（%）	0.26	0.25	0.36	0.32

*成分：豆粕 52%、麦麸 36%、尿素 3%、石粉 3%、磷酸氢钙 5%、微量元素＋食盐 1%、维生素 A3.3 万国际单位/千克、维生素 D 33 300 国际单位/千克、维生素 E 330 国际单位/千克。本品含蛋白质 35.8%，钙 3.3%、磷 1.8%。

（8）成年羊育肥饲料配方如表 29～表 31 所示。

表 29　　　　　　　成年羊育肥日粮　　　（单位：千克/只·日）

原料	1	2	3	4
禾本科干草	0.5	1.0	—	0.5
青贮玉米	4.0	0.5	4.0	3.0
玉米粒	0.5	0.7	0.5	0.4
尿素（克）	—	—	10	—
玉米秸秆			0.5	
营养成分（风干状态）				
干物质（千克）	2.03	1.86	2.04	1.91
代谢能（兆焦/千克）	17.99	14.39	17.28	15.90
粗蛋白质（克）	206	167	175	180
钙（克）	11.9	13.2	9.3	10.5
磷（%）	5.2	5.8	4.6	4.7

表 30　　　　　　　　**成年羊育肥颗粒饲料配方**　　　　（单位:%）

原料	配方 1	配方 2
草粉（地瓜秧或花生秧粉）	35.0	30.0
秸秆	44.5	44.5
精料 *	20.0	25
石粉	0.5	0.5
营养成分（风干状态）		
干物质（千克/千克）	0.86	0.86
代谢能（兆焦/千克）	6.90	7.11
粗蛋白质（克/千克）	72	74
钙（克/千克）	4.8	4.9
磷（克/千克）	2.4	2.5

*成分:玉米 65%,豆饼 18%,麸皮 13%,磷酸氢钙 1.0%,食盐 2%,微量元素 + 维生素预混料 1%。

表 31　　　　　　　　**一般育肥羊饲料配方**　　　　（单位:%）

原料	配方 1	配方 2	配方 3	配方 4
玉米	26.0	21.5	14.0	26.0
麸皮	7.0	6.9	5.0	
豆饼		21.5	5.0	8.0
花生饼		10.3		
棉子粕	7.0		4.0	4.0
干酒糟	48.0			
玉米粒		17.0		
食盐	1.0	0.7		
添加剂	0.4	0.3		
草粉	10.0	21.5	35.0	25.0

（续表）

原料	配方1	配方2	配方3	配方4
玉米秸粉			37.0	27.0
尿素	0.6	0.3		
莫能菌素钠 （毫克/千克日粮）			25～30	
只·日补饲量	300克	350～450克	100克	
平均日增重			200克以上	300克以上
料重比				4.89:1

四、肉羊健康养殖技术

科学饲养管理是提高肉羊生产效率的有效途径。目前肉羊生产正从传统的放牧式饲养方式向规模化、现代工厂化饲养方式转变,由粗放经营方式向集约化经营方式转变。兼顾安全、优质、高效、无公害的肉羊饲养综合配套技术得到广泛应用,主要是按照各类羊的营养需要和可利用饲料资源,合理搭配提供全价日粮;同时根据肉羊的生理特点提供适宜的生产和福利条件,使肉羊的生产性能、肉品质得到同步提高。

(一)种公羊的饲养管理

种公羊数量少,但种用价值高,种公羊的好坏对羊群影响很大,故有"母羊好只一窝,公羊好好一坡"一说。种公羊的饲养管理要细致周到,既不过肥也不过瘦,保持中上等膘情,活泼健壮,精力充沛,性欲旺盛,配种能力强,精液品质好。对种公羊应单独组群饲养,避免公母羊混养,防止偷配。种公羊舍应通风向阳,宽敞,清洁卫生,防寒保暖性能好。种公羊的饲料要求营养价值高,适口性好,容易消化。适宜的精料有燕麦、大麦、豌豆、黑豆、玉米、小米、高粱、豆饼、麸皮等。多汁饲料有胡萝卜、甜菜和青贮玉米等。粗饲料有苜蓿干草、青莜麦干草、青燕麦干草、三叶草等。种公羊最好采用放牧和舍饲相结合,在夏秋季节以放牧为主,在冬春季节以舍饲为主。非配种期的种公羊,除放牧外,冬春季节每日可补给混合粗料 400～600 克,胡萝卜等多汁饲料 0.5 千克,干草 3 千克,食盐 5～10 克。夏秋季节以放牧为主,不补青粗饲料,每天只补喂精料 500～800 克。

1. 非配种期饲养管理

非配种期除供给足够的热能外,还应注意补充足够的蛋白质、矿物质和维生素。夏秋季以放牧为主,除个别体况差的外,一般不需要补饲。在冬季和早春期间,每天补喂混合精料 0.5 千克、胡萝卜0.5千克、食盐 10 克、骨粉 5 克,并满足优质青干草供给(表 32)。

表 32　　　非配种期种公羊日粮配方及营养水平

日粮组成	饲喂量	干物质	营养成分	日进食量
青干草(千克)	1.5	1.38	干物质(千克)	2.57
青贮饲料(千克)	1.5	0.54	消化能(兆焦)	21.74
玉米(千克)	0.7	0.62	粗蛋白(克)	157.0

（续表）

日粮组成	饲喂量	干物质	营养成分	日进食量
磷酸氢钙（克）	10.0	9.9	钙（克）	8.6
食盐（克）	15.0	15.0	磷（克）	4.4
合计（千克）	3.73	2.57		

2. 配种期饲养管理

配种期又可分为配种预备期（配种前 1~1.5 个月）、配种期、配种后复壮期（配种后 1~1.5 个月）3 个阶段。配种预备期逐渐增加种公羊精料饲喂量，以配种期 60%~70% 喂量供给开始，逐渐增加至配种期的精料供给量。种公羊放牧主要是为了运动，营养供给应以补饲为主，尽可能满足种公羊对各类营养物质的需要量，还必须考虑饲料的品质。对配种或采精任务繁重的种公羊，日粮中的动物性蛋白质要占有一定比例。种公羊每天补饲混合精料 0.8~1.2 千克，胡萝卜 0.5~1.0 千克，青干草 2 千克，食盐 15~20 克，骨粉 5~10 克（表 33）。草料分 2~3 次饲喂，每日饮水 3~4 次。配种后复壮期，种公羊的饲养水平在 1~1.5 个月保持与配种期相同，使种公羊能迅速恢复体重，并根据公羊体况恢复的情况逐渐减少精料，直至过渡到非配种期的饲养标准。在配种后复壮期，要加强种公羊的放牧运动，锻炼种公羊的体质，逐渐适应非配种期的饲养管理。

表 33　　　　配种期种公羊的日粮配方及营养水平

日粮组成	饲喂量		干物质		营养成分	日进食量	
	配方1	配方2	配方1	配方2		配方1	配方2
花生秧（千克）	1.5		1.35		干物质（千克）	2.89	2.87
甘薯秧（千克）		2.0		1.8	消化能（兆焦）	29.53	27.31
青贮玉米秸（千克）	0.5		0.13		粗蛋白（克）	348.1	311.87
胡萝卜（千克）	0.5	1.5	0.05	0.16	钙（克）	18.42	22.4
玉米（克）	765	555	690	465	磷（克）	8.25	6.50
麸皮（克）	400	250	360	225	粗纤维（克）	482	588
豆粕（克）	300	200	270	180	精料比例（%）	48.65	37.5
磷酸氢钙（克）	10.0	10.0	10	10			
食盐（克）	15.0	15.0	15	15			
添加剂（克）	10.0	10.0	10	10			
合计（千克）	4.0	4.50	2.89	2.87			

（二）母羊的饲养管理

母羊要求长年保持良好的饲养管理条件,以完成配种、妊娠、哺乳和提高生产性能的任务。母羊的饲养管理可分为空怀期、妊娠期、哺乳期3个阶段。

1. 空怀期母羊的饲养管理

空怀期母羊的饲养管理相对比较粗放,日粮供给通常略高于维持需要的饲养水平即可,一般不补饲或只补饲少量的干草。对于后备青年母羊,发情配种前仍处在生长发育阶段,需要供给较多的营养;泌乳力高或带双羔的母羊,在哺乳期内的营养消耗大、掉膘快、体况弱,必须加强补饲,以尽快恢复母羊的膘情和体况。加强空怀期母羊的饲养管理,尤其是配种前的饲养管理,对提高母羊的繁殖力十分重要。在配种前1~1.5个月,应安排繁殖母羊在较好的草地放牧,促进抓膘,使母羊在繁殖季节能正常发情配种。对体况较差的母羊,要单独组群,给予短期补饲,使母羊快速复壮。

2. 妊娠期母羊的饲养管理

羊的妊娠期约5个月,可分为妊娠前期(3个月)和妊娠后期(2个月)两个阶段。妊娠前期,胎儿增重较缓慢,对能量、蛋白质等营养的需求与空怀期基本相同。补喂一定的优质蛋白质饲料,以满足胎儿生长发育和组织器官分化的营养需要。初配母羊的营养水平应略高于成年母羊,日粮中精料占5%~10%。

表34 空怀母羊的日粮配方及营养水平

日粮组成	饲喂量	干物质	营养成分	日进食量
花生秧(千克)	0.5	0.46	干物质(千克)	1.57
地瓜秧(千克)	0.5	0.46	消化能(兆焦)	10.84

(续表)

日粮组成	饲喂量	干物质	营养成分	日进食量
青贮玉米秸(千克)	2.0	0.5	粗蛋白(克)	120
玉米(克)	110	100	钙(克)	13.72
麸皮(克)	50.0	45.0	磷(克)	3.97
豆粕(克)	50.0	45.0	粗纤维(克)	312
磷酸氢钙(克)	15.0	15.0	精料比例(%)	13.56
食盐	10.0	10.0		
添加剂(克)	5.0	5.0		
合计(千克)	3.2	1.64		

　　妊娠后期胎儿生长迅速,胎儿增重的80%～90%在此阶段完成,母羊自身也需贮备大量的养分,为产后泌乳做准备。妊娠后期母羊腹腔容积有限,对干物质的采食量相对减小,饲料体积过大或水分过高均不能满足母羊的营养需要。因此,要搞好妊娠后期母羊的饲养,除提高日粮的营养水平外,还必须考虑组成日粮的饲料种类,增加精料的比例。在妊娠前期的基础上,能量和可消化蛋白质要分别提高20%～30%和40%～60%,钙、磷增加1～2倍,钙、磷比为2:1～2.5:1,维生素增加2倍。产前8周,日粮的精料比例提高到20%,6周为25%～30%。在妊娠后期满足母羊营养需求的前提下,还要充分考虑饲料的营养浓度,每只羊每天喂给秸秆0.5～1.0千克,优质干草0.5千克,混合精料0.5千克,或每只羊每天补饲精料450克,干草1.0～1.5千

克,青贮饲料 1.5 千克,食盐和骨粉各 15.0 克(表 35)。在产前一周,要适当限制精料用量,以免胎儿体重过大而造成难产。

表 35　　　　妊娠期母羊的日粮配方及营养水平

日粮组成	饲喂量		营养成分	日进食量	
	妊娠前期	妊娠后期		妊娠前期	妊娠后期
花生秧(千克)	0.5	0.8	干物质(千克)	1.56	2.08
地瓜秧(千克)	0.5	0.7	消化能(兆焦)	10.84	16.83
青贮玉米秸 (千克)	2.0	1.5	粗蛋白(克)	120	192
玉米(克)	110	220	钙(克)	13.72	18.52
麸皮(克)	50.0	100	磷(克)	3.97	4.97
豆粕(克)	50.0	100	粗纤维(克)	312	449
磷酸氢钙(克)	15.0	15.0	精料比例(%)	13.56	19.13
食盐	10.0	10.0			
添加剂(克)	5.0	5.0			
合计(千克)	3.24	3.45			

妊娠后期母羊的管理要细心、周到,防止早期流产和后期因意外伤害而早产。避免母羊吃冰冻饲料和发霉变质的饲料,不饮冰冻水。在进出圈舍、放牧时,要控制羊群,避免拥挤或急驱猛赶;补饲、饮水时要防止拥挤和滑倒,避免流产。除遇暴风雪天气外,母羊均可在运动场内补饲和饮水,增加户外活动的时间,干草或鲜草用草架投喂。产前一周左右,夜间应将母羊放于待产圈

中饲养和护理。

3.哺乳期母羊的饲养管理

羔羊的哺乳期为 3~4 个月,可分为哺乳前期和哺乳后期两个阶段。产羔后,母羊泌乳量逐渐上升,在 4~6 周内达到高峰,10 周后逐渐下降。随着母羊泌乳量的增加和哺乳羔羊的需要,应特别加强对泌乳前期母羊的饲养管理。

为满足羔羊生长发育的需要,应根据哺乳羔羊的多少和泌乳量的高低,加强母羊的补饲,每天补喂混合精料 0.3~0.5 千克,青贮饲料 1.0~1.5 千克,青干草 1.0~2.0 千克,多汁饲料 0.5~1.0 千克。带双羔或多羔的母羊比哺育单羔的母羊多产奶 20%~40%,营养需要量也相应增加,每天补喂混合精料 0.6~0.8 千克,青贮饲料 1.0~1.5 千克,青干草 1.0~2.0 千克,多汁饲料 0.5~1.0 千克。为了提高母羊的泌乳能力,除了给母羊喂足优质青干草、多汁饲料和精料外,还应注意供给矿物质和微量元素,每天补饲混合精料 0.5 千克,苜蓿干草 3.0 千克,胡萝卜 1.5 千克,磷酸氢钙和食盐各 10.0 克。饲喂要定时、定量,喂后给予充足的饮水。对膘情体况好的母羊,产羔后 1~3 日内不补喂精料,以免造成消化不良或乳房炎。为调节母羊的消化机能,促进恶露的排出,可喂少量轻泻性的饲料,如在温水中加入少量麸皮。

哺乳后期,母羊泌乳量逐渐下降,羔羊的生长发育强度大、增重快,对营养物质的需求量多,单靠母乳已不能完全满足羔羊的营养需要,母乳只能满足羔羊营养的5%~10%。2月龄以上羔羊的胃肠功能已趋于完善,可加一定量的优质青草和混合精料,降低对母乳的依赖性,母羊的泌乳也进入了后期。哺乳后期的母羊,应以放牧为主、补饲为辅,逐渐取消精料补饲,而代之以补喂青干草。母羊的补饲水平要根据体况适当调整,体况差的多补,体况好的少补或不补。一般精料可减至0.3~0.45千克,干草1.0~2.0千克,青贮料1.0千克(表36)。

表36　　　　　哺乳期母羊的日粮配方及营养水平　　　　(单位:克)

日粮组成	饲喂量		营养成分	日进食量	
	妊娠前期	妊娠后期		妊娠前期	妊娠后期
苜蓿干草(千克)	0.2	0.5	干物质(千克)	2.07	1.56
地瓜秧(千克)	0.4	0.5	消化能(兆焦)	17.69	11.38
青贮玉米秸(千克)	1.5	2.0	粗蛋白	260	163
玉米	640	110	钙	18.55	13.73
麸皮	220	50.0	磷	6.88	5.17
豆粕	220	50.0	粗纤维	477	330

（续表）

日粮组成	饲喂量		营养成分	日进食量	
	妊娠前期	妊娠后期		妊娠前期	妊娠后期
磷酸氢钙	10	15.0	精料比例（%）	39.29	13.58
食盐	15	10.0			
添加剂	5.0	5.0			
合计（千克）	3.21	3.24			

4.围产期母羊的饲养管理

围产期是指母羊分娩前一周到产后一周分娩前后。围产期管理是指产前、产时和产后,对母羊、胎儿和新生羔羊的管理。围产期饲养管理的目的是降低羔羊、母羊的发病率和死亡率。

（1）预防流产:怀孕母羊严禁饲喂发霉变质的饲草饲料,不饮冰冻水和不洁饮水。在放牧时慢赶,不打冷鞭,不惊吓,不走冰滑地,出入圈不拥挤,不无故惊扰羊群,及时阻止角斗,以防流产。

（2）做好接产准备:母羊妊娠后期和分娩前管理要特别精心。一般要准确掌握妊娠母羊的预产期,提前做好接产准备。对羊舍和分娩栏进行一次大扫除、大消毒,修好门窗,堵好风洞,备足褥草等。

（3）防止母羊产前产后瘫痪:当母羊怀三羔、多羔或母羊年老体弱,或日粮中营养不足时,易导致母羊产前或产后瘫痪,产弱羔甚至死胎。预防办法是在怀孕后期将可能出现瘫痪的母羊单独饲养,将日粮能量或谷实类饲料比平时提高 50% 以上,同时添加磷酸氢钙 15 克,食盐 10 克,拌料。出现症状的病羊,用红糖 30～50 克、麸皮 100～150 克开水冲服。

(4)把握接产时机:母羊临产前一周不得远牧,应在羊舍附近适量运动,以便分娩时能及时赶回羊舍。若发现母羊腹部下垂,乳房胀大,阴门肿胀流黏液,独卧墙角,排尿频繁,时起时卧,不停回头顾腹,发出鸣叫,即快临产。接产后给母羊及时饮红糖麸皮水,生火驱寒,促使母羊舔干羔羊,尽快给羔羊吃上初乳。产羔母羊与羔羊应在背风朝阳、铺有垫草的栏内活动。

(5)要做到"六净":即料净、草净、水净、圈净、槽净、羊体净。同时要供给充足的饮水。圈舍要勤换垫草,经常打扫,污物要及时清除,保持圈舍清洁、干燥、温暖,定期消毒。

(6)适当运动:产后一周带羔母羊适当运动,到比较平坦的地方吃草、晒太阳。母羊和羔羊放牧时,时间要由短到长,距离由近到远,天气变化时及时赶回羊圈。

(7)抓好营养调控:对于产双羔或多羔的母羊要格外加强管理,并适当增加精料。

(三)羔羊的饲养管理

出生至断奶(1～3 月龄)这一阶段的羔羊叫哺乳羔羊。初生羔羊身体器官发育都未成熟,抵抗力弱,消化机能不完善,对外界适应能力差,营养来源由血液、奶汁转为草料,变化很大,易死亡。羔羊饲养难度最大,但生长发育最快,羔羊的发育又与成年羊体重、生产性能密切相关。因此,必须高度重视羔羊的饲养管理,进行特殊护理。

1. 保温防寒

初生羔羊调节体温能力差,对外界环境温度变化非常敏感,尤其是我国北方必须做好冬羔和早春羔的保温防寒工作。羔羊出生后,要尽快让母羊舔净羔羊身上的黏液,以防羔羊受冻。舔羔可促进羔羊体温调节、排出胎粪,也可促使母羊胎衣排出。产冬羔时,羊舍要准备取暖设备,地面铺垫柔软干草、麦秸,以御寒保温,产房最好保持在10℃以上。

2. 吃好初乳

羔羊出生后,一定要及时吃上初乳。初乳指母羊分娩后1～3天分泌的乳汁,黄色浓稠,营养成分极为丰富,蛋白质、脂肪和氨基酸组成全面,维生素较为齐全和充足。初乳与常乳相比较,干物质含量高1.5倍,脂肪高1倍,维生素A高10倍以上,而且容易消化吸收。初乳含有免疫球蛋白,可抵御外界微生物侵袭,具有抗病、防病和保健作用。初乳含矿物质较多,特别是镁多,有轻泻作用,可促进胎粪排出。保证羔羊在产后半小时内吃到初乳,最迟不要超过1小时。早吃、多吃初乳对增强羔羊体质和抗病能力具有重要意义,同时对母羊生殖器官的恢复也有积极作用。羔羊对初乳的吸收效率,在出生后逐渐降低。有试验证实,12~18小时后,新生羔羊从肠道吸收抗体的能力开始减弱并逐渐消失。所以,羔羊出生后吃初乳的时间越早越好,初乳吃不好将给羔羊带来一生中难以弥补的损失。羔羊出生后10~15小时仍吃不上初乳,死亡率增加。

3. 保证哺乳

母羊产后3~7日,母仔应在产羔室生活,方便羔羊随时哺乳,也可促使母仔亲和、相认。对于有条件的羊场,母仔最好一起舍饲15~20天,这段时间羔羊吃奶次数多,几乎隔5个小时就需要吃一次奶。20天后羔羊吃奶次数减少,可以让羔羊在羊舍饲养,白天母羊出去放牧,中午回来哺一次羔,这样加上出牧和归牧时各哺一次羔,可保证羔羊一天吃3次奶。

4. 辅助哺乳

初产母羊及哺育力差母羊所生的羔羊,需要人工辅助哺乳。一种方法是先把母羊固定,将羔羊放在母羊乳房前,让羔羊寻找乳头吃奶,经几天训练母羊就可认羔;另一种方法是把母羊的乳汁涂在羔羊身上,或将麸皮撒在羔羊身上让母羊舔食,使母羊从气味上接受羔羊;或将母仔放在同一母仔栏内,强制彼此适应,达到哺乳目的。经过几天适应,就可认羔哺乳。母羊认羔后可去除母仔栏,放入大群中舍饲喂养,以促进发育。如果新生羔羊较弱,通过人工辅助仍不能张口吃到初乳,最好把初乳挤出,让有经验的兽医将细胃管(小动物专用)轻轻插入羔羊食管内灌服。羔羊出生后数周内主要靠母乳维生。要有专职饲养员照顾羔羊吃母乳,对一胎多羔的母羊也要人工辅助哺乳,防止强者吃得多,弱者吃得少。

5. 选保姆羊

在大群饲养的情况下,常会出现缺奶羔羊和孤羔,要找保姆羊代乳。最好选带一只羔羊、营养状况好的健康多奶母羊或失去羔羊的母羊。将保姆羊胎液、尿液涂在寄养羔羊的身上,仍有母羊不肯给羔羊哺乳,适当保定,确保羔羊吃足吃好奶。

6. 人工哺乳

对缺奶羔羊、多胎羔羊在没有保姆羊的情况下,可实行人工哺乳,如牛乳、羊奶、奶粉、代乳粉等。奶瓶要经常消毒,保持清洁卫生。人工哺乳的喂量为体重的1/5,饲喂要定时、定量、定温(36~39℃),喂后擦嘴,以防止互相舔咬,引发疾病。采取以上措施,整个哺乳期羔羊生长迅速,日增重可达300克左右。国外靠自动喂料系统用人工乳饲喂羔羊,每天消耗180~370克代用乳,日增重180克以上。人工乳的主要成分:20日龄前,68%脱脂乳,29%脂肪,3%磷脂;20~40日龄,80%

脱脂乳,17%脂肪,3%磷脂。人工乳中的添加剂含量（每吨）,微量元素:氯化钴1.2克,硫酸铜20克,碘化钾0.3克,亚硒酸钠0.2克;矿物质:食盐10千克,碳酸钙5千克;维生素:维生素A 2 000万国际单位,维生素D 600万国际单位,维生素E 2万国际单位,维生素B_1 1.5克,维生素B_2 1.5克,维生素B_6 750毫克,维生素B_{12} 500毫克,维生素K 400毫克;氨基酸:赖氨酸1千克,蛋氨酸2千克;生物活性物质:金霉素50克;抗氧化剂:山道喹50克。

7. 及早补饲

羔羊除吃足初乳和常乳外,还应尽早补饲。羔羊可获得更完善的营养物质,还可以提早锻炼胃肠的消化机能,建立正常瘤胃功能,促进胃肠系统的健康发育,增强羔羊体质。实践证明,羔羊在哺乳阶段补料要比断奶后补料效果更好,因此,羔羊要提早补料,一般在羔羊15日龄开始喂颗粒饲料,随时舔食。为了尽早能让羔羊吃料,最初用颗粒或混合饲料均匀放入羔羊饲槽中。有一个促进羔羊采食补饲料的诀窍,傍晚将母羊和羔羊赶到补饲栏周围相对狭小的空间里,羔羊因不喜欢挤压,就自然钻进补饲栏。如果在补饲栏内放1~2只母羊,可引诱羔羊更快进入补饲栏,之后把母羊赶出,羔羊将待在补饲栏内吃料和饮水。实践证明,在饲槽上方设置照明设备可提高采食量。羔羊在补饲栏内可采食到饲料,在栏外能吃到母乳,二者结合才能满足生长发育的需要。10～120日龄的羔羊,一般平均日消耗560克补饲料,其中3周龄每天消耗50克,7～8周龄日喂量350～550克,4月龄时每天1.1千克。也可按15日龄每天补喂颗粒或混合精料50～75克,1～2月龄100克,2～3月龄200克,3～4月龄250克。混合料以碾碎的豆饼、玉米为宜。干草以紫花苜蓿、青干草、花生秧、刺槐叶为宜。多汁饲料切成丝状,与精料、食盐、骨粉混合在一起饲喂(表37)。

表37　　　　　　　羔羊补料的日粮组成和营养水平

日粮组成	饲喂量		营养成分	日进食量	
	前期(%)	后期(%)		前期(%)	后期(%)
玉米	48.5	43	消化能(兆焦)	11.5	11.1
小麦麸	7.0	7	粗蛋白	14.2	13.25
大豆粕	21.0	17.5	钙	0.70	0.57
甘薯秧粉	10.0	15	磷	0.59	0.40
花生秧粉	10.0	15	粗纤维	7.99	10.44
磷酸氢钙	2.0	1	精料比例	80	70
添加剂	1.0	1			
食盐	0.5	0.5			
合计	100	100			

8.适度放牧

有草场的地区,让羔羊适当运动,增强体质,提高抗病力。初生羔羊最初在圈内饲养5～7天后,可将羔羊赶到阳光充足的地方自由活动,初晒0.5～1小时,逐渐增加时间。3 周龄后可随母羊放牧,开始走得近些,选择地势平坦、背风向阳、牧草好的地方放牧,逐渐增加放牧距离。母子同牧时走得要慢,羔羊不恋群,注意不要丢羔。30 日龄后羔羊可编群放牧,放牧时间逐渐增加,从小就训练羔羊听从口令。

9. 适时断奶

根据羔羊生长发育情况科学断奶。发育正常的羔羊 3～4 月龄已能采食大量牧草和饲料,具备了独立生活能力,可以断乳转为育成羔。羔羊发育比较整齐一致,可采用一次性断奶。若羔羊有强有弱,可采用分批断奶法,即强壮的羔羊先断奶,弱瘦的羔羊仍继续哺乳,断奶时间可适当延长。断奶后的羔羊留在原圈舍里,母羊关入较远的羊舍,以免羔羊恋母,影响采食。断奶应逐步进行,开始断乳时,每天早晨和晚上仅让小羊哺乳 2 次。

(四)育成羊的饲养管理

育成羊是指断奶后至第一次配种前的幼龄羊。羔羊断奶后的前 3～4 个月,体重增加,躯干的宽度、长度及深度仍在迅速生长,因此,对饲养条件要求较高。通常公羔的生长比母羔快,因此,育成羊应按性别、体重分别组群和饲养。8 月龄后,羊的生长发育强度逐渐下降,到 1.5 岁时生长基本结束。因此,一般将羊的育成期分为育成前期（4～8 月龄）和育成后期（9～18 月龄）。

育成公羊生长势强，异化作用强，需要营养多，要比育成母羊多喂些精料。粗饲料以优质青干草为主，以免使公羊形成草腹。育成母羊则要求腹围大而深，采食量大，消化能力强，体质健壮，生产性能好。

育成羊在青草期要充分利用青绿饲料，营养丰富而全面，非常有利于羊体消化器官的发育。育成羊要个体大，身腰长，肌肉匀称，胸围大，肋骨宽，内脏器官发达。在枯草期要保证足够的青贮料，每天补喂混合精料0.5～1.0 千克。同时还要注意补饲钙、磷、盐及维生素A、D。对舍饲圈养的育成羊，要饲喂品质优良的豆科干草，日粮精料中的粗蛋白质以 12%～13% 为宜。若干草品质一般，可将粗蛋白质的含量提高到 16%。混合精料的能量，以低于整个日粮能量的 70%～75% 为宜。

（五）育肥羊的饲养管理

肉羊育肥就是在短期内迅速增加羊体内的肌肉和脂肪，改善羊肉品质。羔羊育肥包括羊的生长发育和肥育过程，对能量、蛋白质、维生素的需求量大，成年羊育肥期体重的增加主要是脂肪的积累。目前，肉羊常用的育肥方式有放牧育肥、舍饲育肥和混合育肥等。

1. 放牧育肥

放牧育肥是一种应用最普遍、最经济的育肥方式，适合于放牧条件较好的地区。尤其是在夏秋季的北方天然草场进行短期放牧育肥，不仅可以充分利用天然牧草资源生产优质的羊肉，而且可以加快羊群的周转，减少羊群对冬春草场的压力，降低产成本，提高经济效益。育肥前，对淘汰公羊及公羔先去势，羊群按年龄、性别、体况分群，驱虫、药浴和修蹄。育肥期为 8～10 个月，此时牧草开始结子，营养充足，易消化，羊只抓膘快，肥育效果好。一般放牧育肥 60～120 天，成年羊体重可增加25%～40%，羔羊体重可成倍增长。

2. 舍饲育肥

传统的舍饲肥育主要是为了调节市场羊肉供应，充分利用各种工农业加工副产品。饲养期通常为 60～90天，一般羔羊可增重10～15千克。舍饲肥育使用颗粒饲料效果好，饲料报酬高，以粗饲料 60%～70%（含秸秆10%～20%）和精饲料 30%～40% 的配合颗粒饲料最佳。用谷粒饲料育肥时，用整粒的比用压扁和粉碎的效果好。羔羊颗粒饲料由 30% 精料、69% 青干草粉或秸秆和 1% 无机盐添加剂组成，每千克含 77 克可消化蛋白质。成年羯羊颗粒饲料由 25% 精料、74% 秸秆或干草粉及 1% 无机盐添加剂制成，每千克含 60 克可消化蛋白质。母羔日喂量，颗粒饲料 0.5～0.8 千克，优质干草 2 千克;小羯羊日喂量,颗粒饲料 0.8～1.0 千克,优质干草 2.0～3.0 千克;成年羯羊日喂量,颗粒饲料 1.0～1.5 千克,优质干草 3.0 千克。在国外,舍饲育肥主要用于肥羔生产,育肥期 60 天左右。采用全价配合饲料,定时喂料、饮水,对羔羊进行短期高强度育肥。我国专业化的肥羔生产企业还不多见,专业化、集约生产经营方式将是羊肉业发展的趋势。

3. 混合育肥

混合肥育是在秋末冬初、牧草枯萎后,对放牧育肥后膘情仍不理想的羊补饲精料,延长育肥时间,进行短期高强度肥育。肥育期 30～40 天,使其达到屠宰的标准,提高胴体重和羊肉品质;由于草场质量或放牧条件差,仅靠放牧不能满足快速肥育的营养要求,在放牧的同时,给育肥羊补饲一定的混合精料和优质青干草,使育肥羊的日粮满足饲养标准的要求。混合肥育既能缩短肉羊生产周期,增加肉羊出栏数、出肉量,又可以充分利用有限的饲草资源,降低生产成本,提高经济效益。羊群每天放牧 6～8 小时,早、晚补喂优质青干草和混合精料。精料由玉米、高粱、麸皮、花生饼、豆饼、棉子饼、菜子饼、贝粉、食盐、尿素及矿物质添加剂等组成。每千克风干日粮中含干物质0.87千克,消化能 13.5 兆焦,粗蛋白质 12%～14%,可消化蛋白质 100 克。粗饲料主要为作物秸秆、树叶、青干草、青贮饲料等。每日每只羊

精料喂量 250～500 克,粗料不限,自由采食,每日饮水 2～3 次。

育肥羔羊与育肥成年羊相比,日粮中需要更多的蛋白质饲料,而成年羊的肥育需要消耗更多的能量饲料。羔羊增重速度很快、饲料报酬高、肉质好,因此,育肥羔羊比肥育成年羊经济效益更高。

(六)肉羊的日常管理

肉羊的日常管理主要包括整群、编耳号、去角、去势、剪毛、断尾、修蹄、药浴等,必须形成严格的制度并认真执行。

1. 整群

产羔期注意泌乳多、产双羔的母羊,优先留下高产的母羊及其女儿;淘汰连年不孕、体形不良、多皱、跛肢、瞎奶头和乳房炎的母羊。断奶后记下生长速度快的羔羊与母羊号,作为选留依据。一般母羊群每年补充母羊 15%～20%。选留母羊方案必须认真执行,该淘汰的一个不留,后备母羊的品质要优于淘汰母羊的平均值。比较各公羊的后代,对其中后备母羊留得多的公羊应优先安排使用,再与其他母羊扩大配对。

2. 编号

为了选种、选配、饲养管理、识别个体,必须对羊只进行编号,常用耳标法、刺字法和刻耳法等。

（1）耳标法：耳标是固定在羊耳上的标牌。制作耳标多用塑料，也有用金属材料的。一般耳标为长方形或近似方形，用耳号钳将耳标一端固定在羊耳上。常用特制记号笔，按各养羊单位的编号方法在耳标上写上相应记号。

（2）刻耳法：是指用缺刻钳在羊耳边缘刻出缺口，进行编号或标明等级。刻耳法做个体编号，在羊左右两耳的边缘刻出缺口，代表个体编号，要求对各部位缺口代表的数字都有明确规定。通常是左耳代表的数小，右耳代表的数大。左耳下缘一个缺口为1，两个缺口为2，上缘一个缺口为3，耳尖一个缺口为100，耳中间一个圆孔为400；右耳下缘一个缺口为10，两个缺口为20，上缘一个缺口为30，耳尖一个缺口为200，耳中间一个圆孔为800。刻耳法的优点是经济简便易行，缺点是羊多了不适用。缺口太多容易识别错，耳缘外伤也会造成缺口混淆不清。因此，刻耳法常用作种羊鉴定等级的标记。纯种羊以右耳作为标记，杂种羊以左耳作为标记。在耳的下缘打一个缺口代表一级，两个缺口代表二级，上缘一个缺口代表三级，上下缘各一个缺口代表四级，耳尖一个缺口代表特级。

（3）刺字法：刺字是用特制的刺字钳和十字钉进行羊只个体编号。刺字编号时，先将需要编的号码在刺字钳上排列好，在耳内毛较少的部位用碘酒消毒，夹住耳加压,刺破耳内皮肤,在刺破的点线状数字小孔内涂上蓝色或黑色染料。随着染料渗入皮内,将号码固定在皮肤上,伤口愈合后可见到个体号码。刺字编号的优点是经济方便,缺点是随着羊耳的长大,字体容易模糊。

3.去势

不宜作种用的公羔羊和试情羊都要去势,一般为1～3周龄。如果天寒或羔羊体弱可适当推迟。过早由于睾丸太小,去势困难,过晚则失血太多或产生早配现象。去势有阉割法、结扎法和不完全去势法。

(1)阉割法:将羊以半坐姿态保定好后,用碘酒消毒阴囊外部,然后术者一手紧握阴囊上方,一手用刀在阴囊下方与阴囊中隔平行的部位切开,切口大小以能挤出睾丸为好。挤出睾丸,拉断精索,同时在阴囊纵隔切开一小口,把另一侧睾丸取出。术后在伤口处涂上碘酒,撒上消炎粉即可。过1～2天检查,如阴囊收缩则正常。若阴囊肿胀,可挤出其中的血水,再涂碘酒、撒消炎粉即可。

(2)结扎法:结扎法去势的原理与结扎断尾相同。当公羊1～3周龄时,将睾丸挤在阴囊里,用橡皮筋紧紧地结扎在阴囊上部,断绝血液流通,经过15天阴囊及睾丸便自然脱落。此法简单易行,值得推广。

(3)不完全去势法:该法是除去睾丸产生精子的机制,而保留内分泌机能,适用于1～2月龄羔羊。术者一手握住睾丸,一手用无菌的解剖刀纵向刺入已用5%碘酒消毒过的阴囊外侧中间1/3处,刺入的深度视睾丸大小(0.5~1.0厘米)而定。解剖刀刺入后随手扭转90°~135°,然后通过刀口将睾丸的髓质部分用手慢慢挤出,而附睾、睾丸膜和部分间质仍留在阴囊内。捏挤时不要用力过猛,防止阴囊内膜破裂,同时固定睾丸和阴囊的手不可放松,以免刀口各层组织错位。睾丸头端的髓质要尽量全部挤出,否则会影响去势效果。一侧手术后,同法施行另一侧。

4. 断尾

断尾最好在羔羊出生后1周左右进行。断尾一般选晴天上午进行,阴雨天伤口愈合较慢,傍晚进行则不便于断尾羔羊术后观察和出血处理,断尾一般有热断法和结扎法。

(1)热断法:需要两个人配合完成,一个人保定羔羊,另一人操作。用事先准备好的断尾板(用水浸湿)把羔羊肛门、阴部保护起来,防止烫伤。把特制的专用断尾铲烧至暗红,在羊尾第3~4尾椎,距尾根4厘米处铲断;同时为防止断尾后尾椎外露,操作时将羊尾处的皮肤向上送,不可把尾拉紧;为了预防出血和止血,断尾铲刃部一定要钝厚一些,并且断尾的速度一定要慢。若有出血,可在断面放上一点羊毛,烙烧后一般都可止住。断尾后的羔羊应暂时集中在一起3~4小时,等一一检

查无出血现象,再放归原群。

(2)结扎法:在羔羊出生后 7~10 天,用细绳或橡皮筋在羔羊第二三尾椎间紧紧扎住,阻断血液循环,一般经 10~15 天尾巴即自行萎缩脱落。如断尾时尾椎留的太少,日后羔羊容易脱肛。此法的优点是经济简便,容易掌握;缺点是结扎部位夏秋易受蚊蝇骚扰,造成感染,尾巴脱落时间长。

5. 去角

肉羊去角可以防止争斗时致伤,羔羊一般在出生后 7~10 天内去角,可采用烧烙法和化学去角法。

(1)烧烙法:将羊羔侧卧保定,烙铁烧至暗红(也可用功率为 300 瓦的电烙铁),在羊的角基部进行烧烙。烧烙时用力均匀,分次进行,每次烧烙不超过 15 秒,烙至角基部皮下稍有出血,生角组织被破坏即可。

(2)化学去角法:将羊羔侧卧保定,用手摸到角基部,剪去角基部羊毛,在角基部周围抹上凡士林,以保护周围皮肤。然后将苛性钠(或钾)棒一端用纸包好,作为手柄,另一端在角蕾部分旋转摩擦,直到见有微量出血为止。摩擦时间不能太长,位置要准确,摩擦面与角基范围大小相同,术后敷上消炎粉。

6. 剪毛

肉羊剪毛通常在清明前后,高寒地区可适当推迟。剪毛应选在天气较温暖且稳定时进行,剪毛前 12~24

小时不应饮水、补饲或过多放牧,以防剪毛时翻转羊体引起肠扭转等。剪毛时动作要轻、要快,应紧贴皮肤,留毛茬0.5～1厘米。做到毛茬整齐,不漏剪、不重剪、不剪伤,尤其注意不要剪伤母羊奶头及公羊阴茎和睾丸。先剪腹毛,再剪两后腿内侧,依次是左侧、左前肢内侧、背部、头部、右侧。剪毛后对破伤及时处理,1周内不要远牧,以免天气变化不能及时赶回,发生感冒等。注意剪毛从价值低的羊开始,借以熟练技术,患过疥癣和痘疹的羊留在最后剪,剪毛后10天要进行药浴。另外,剪毛场所要干净,防止杂物混入毛内。

7. 驱虫

患有寄生虫病的羊只,重者日趋消瘦,甚至死亡;轻者也因羊体营养被消耗,呈现不同程度的消瘦,导致幼龄羊生长发育受阻,成年羊繁殖力下降,羊肉产量降低,羊皮品质受损。因此,应重视寄生虫病的防治。在有寄生虫感染的地区,每年春秋季节预防性驱虫2次。断奶以后的羔羊也应驱虫。驱体内寄生虫药物可选用丙硫苯咪唑,每千克体重10～15毫克。投药方法,拌在饲料中让单个羊只自食;制成3%的丙硫苯咪唑混悬剂口服,即用3%的肥儿粉加热水煎熬至浓稠,做成悬乳基质,再均匀拌入3%的丙硫苯咪唑混成悬剂,用20～40毫升金属注射器拔去针头,缓缓灌服。治疗各种寄生虫时,选用药物要准确,用量要精确。必须做驱虫试验,在确定药物安全可靠和驱虫效果良好后,再进行大群驱虫。对新购入的羊只,经隔离观察后或经驱虫处理后,才能与原有的羊只混群饲养。

8. 药浴

药浴的目的是为了防治羊体外寄生虫。药浴一般在剪毛后 7~10 天,选择晴朗、温暖、无风的上午进行,常用药浴池、淋浴和喷雾药浴等方式。目前,常用的药浴液主要是蝇毒磷粉剂或乳液,成年羊药液浓度 0.05%~0.08%,羔羊 0.03%~0.04%。另外,一些杀蛾农药(如溴氢菊酯)也可按说明配制成药浴液。药液配制时首先要计算药浴池的容积,然后按比例加入药剂。注意药浴前 8 小时停料,前 2~3 小时给羊饮足水,防治误饮药浴液。药浴液始终保持 25℃ 左右。药浴液的深度一般以没过羊背为宜,70 厘米左右,并且药浴中要随时补充水及药剂,保持浓度。药浴池设滴流台,让羊浴后停留几秒钟,使身上的浴液回收。先浴健康羊,后浴病羊,妊娠 2 个月以上母羊不浴。药浴中工作人员在药浴池边执一带钩木棒,控制羊的前进速度,保证药浴时间在 2~3 分钟。在进出口处用棒将羊头部向药浴液中按压 2 次,防止头部生癣。

9. 修蹄

舍饲圈养肉羊要定期修蹄,以减少和预防蹄病。肉羊体格和体重大,运动量小,蹄壳生长较快,如不整修易成畸形,行走艰难,影响生产性能和公羊的配种能力。修蹄最好是用果园整枝用的剪刀,先把较长的蹄角质剪掉,然后把蹄周围的角质层修理成与蹄底接近平齐。对于蹄形十分不正者,每隔 10~15 天就要修整一次,连修 2~3 次才能修好。修蹄时不可操之过急、动作鲁莽,用力要均匀,一旦剪伤造成出血,可用烧烙法止血。修蹄选在雨后进行为好,因蹄质被雨水浸软,容易修整。

(七)专业化肉羊生产饲养管理技术

专业化肉羊生产体现了养羊科技与经营管理的最高水平,被美国、英国、法国、澳大利亚、新西兰等广泛采用。各国根据肉羊品种特性、饲草资源和生产条件,组织肉羊生产,建立了分工合理、科学完善的肉羊生产、繁育体系以及完善高效的社会化科技服务体系,获得了很高的经济效益。

1. 控制环境

采用现代化羊舍,对温度、湿度和光照等采用自动控制技术,使肉羊的生产、繁殖基本不受自然气候环境变化的影响。饲养管理的机械化、自动化程度高,尽量减少人、羊直接接触。严格按照生产要求和不同类型肉羊的营养需要和饲养标准配制日粮。高产优质人工草场的建设、围栏分区放牧是肉羊生产管理的重要内容,大部分人工草地实现了饲喂和饮水的自动化,劳动生产率显著提高。

2. 专门化肉羊品种

各国均选择适合本国条件的优秀肉羊品种,筛选出最佳杂交组合方案,实行三四个品种的杂交,把高繁殖性能、高泌乳性能、高产肉性能有机结合起来,保持高度的杂种优势,组织商品肉羊生产。

3. 密集产羔

在肉羊生产中,充分利用多胎绵羊品种,或采用现代繁殖技术调节母羊的繁殖周期,缩短产羔间隔,增加产羔数,实现母羊全年均衡产羔。在不同的地区,根据不同的气候条件、品种及市场需求,实行母羊一年二产、二年三产或三年五产的繁殖配种制度;或对母羊实行分组配种产羔,2 个月左右一批,全年每个季节都有羔羊生产。

(1)两年三产制:母羊平均 8 个月产羔一次,两年产三胎。母羊在羔羊出生后,经过 2 个月哺乳期、1 个月的空怀期再进行配种。如将全群母羊分成 4 个批次,每组则错开 2 个月产羔,每 2 个月就可出栏一批羔羊,实现了全年的均衡生产。

(2)三年五产制:将 3 年分为 5 期,每期平均 7 个月左右,母羊分为 3 组,按上述周期进行配种。第一组母羊在第一期产羔,第二期配种,第四期产羔,第五期再次配种;第二组母羊在第二期产羔,第三期配种,第五期产羔,第一期配种;第三组母羊第三期产羔,第四期配种,第一期产羔,第二期配种。如此不断循环,产羔间隔平均219天。按产双羔计算,在这种繁殖制度下,每组母羊年产羔羊3.34只,同样可达到频密繁殖的目的,做到全年均衡生产。

(3)一年两产制:母羊每年在春秋两季配种,冬夏两季产羔。6个月为一个周期,母羊的哺乳时间只有1个月,又进行配种,对养殖者的饲养管理技术要求较高。使用这种频密繁殖制度时,必须配套使用早期断奶技术,在羔羊生长早期就尽早开始人工哺乳训练,为早期断奶做准备。在母羊在配种前要有一短暂的生理恢复阶段,注意观察产后发情,以便顺利完成一年两胎的繁殖任务。

4. 早期断奶

在美国,采取羔羊超早期(1~3日龄)或早期(30~45日龄)断奶;在法国,羔羊断奶通常在28日龄,既可以降低羔羊人工哺育的成本,又有利于羔羊的生长发育,具有较高的实用价值。超早期断奶羔羊必须用人工乳(由脱脂乳、脂肪、磷脂、微量元素、矿物质、维生素、氨基酸、抗生素配制而成)或代乳粉(按羊奶成分配制而成)进行哺育。超早期断奶对羔羊的保育条件很高,当保育和补饲条件达不到相应的要求时,会造成羔羊大量死亡和巨大经济损失,因而,在自然环境条件恶劣、经济基础落后的国家和地区难以实施。

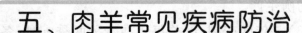

五、肉羊常见疾病防治

（一）羊病防治合理用药

1.羊用药剂量比例

一般随着羊龄增加,用药量比例减小,用药量增大（表38）。不同的用药途径,用药量比例也有差别（表39）。因此,应根据羊的年龄和不同用药途径,合理选择用药量比例和剂量。

表38 羊不同年龄用药量比例

年　龄	剂量比例	年　龄	剂量比例
2岁以上	1/1	3~6月龄	1/8
1~2岁	1/2	1~3月龄	1/16
6~12个月	1/4		

表39	羊不同用药途径与用药量比例		
用药方法	剂量比例	用药方法	剂量比例
内服	1/1	肌肉注射	1/3～1/2
灌服	1/2	静脉注射	1/4～1/3
皮下注射	1/3～1/2	气管内注射	1/4

2. 输液

（1）体液：机体内存在的液体称为体液。体液约占成年羊体重的70%，其中细胞内液占体重的45%，细胞外液（包括血浆，胸、腹腔液，细胞间液等）占体重的25%。体液中含有阳离子和阴离子，主要功能是维持渗透压与水平衡，维持神经肌肉的兴奋性。因此，液体或任何离子的损失，都会引起羊只的异常而产生一系列症状。

（2）脱水：各种原因引起体液的丢失称为脱水。脱水时电解质紊乱，可将脱水分为3种类型，以等渗性脱水多见。

① 等渗性脱水。水与钠同时减少，病羊的血浆为等渗液，故称为等渗性脱水。常见于羔羊痢疾、胃肠炎等。病羊皮肤弹性降低；血压下降甚至发生休克；循环血量减少，血液相对浓缩；肾血流量减少，肾小球滤过率降低，同时醛固酮和抗利尿激素增多，引起肾小管对 Na^+、H_2O 重吸引作用加强，导致尿量减少。

② 高渗性脱水。水的丢失过多，血浆渗透压增高，

称为高渗性脱水,见于病羊不吃不喝,水源断绝时;另外,如出汗过多(汗液为低渗液)、大量应用脱水剂(甘露醇注射液),使消化液大量丢失等。表现口腔干燥、口渴,皮肤弹性减退,尿少而比重增高,大脑细胞脱水时出现昏迷症状。

③低渗性脱水。体液中钠的丢失过多,使血浆渗透压过低,称为低渗性脱水。一般是在等渗或高渗脱水时大量补水而引起。表现出尿液初多后少、无力、厌食、眼窝下陷、血压下降。脑细胞水肿时昏睡、昏迷或休克。

④在急性肾功能衰竭、水排出减少的情况下,输入低渗液体过多而引起水中毒。

(3)估计补液量:在兽医临床中,目前尚无可靠的计算脱水量的公式,可采用红细胞压积容量估计脱水量,依次判定脱水程度,确定补液量。

3.磺胺类与抗生素的应用

(1)磺胺类:磺胺嘧啶(SD),每日给药以2~3次为宜。磺胺甲氧嗪(长效磺胺,SMP),每日给药以1~2次为宜。磺胺邻二甲氧嘧啶(长效磺胺,SDM),静脉注射时以一天1次为宜。磺胺对甲氧嘧啶(长效磺胺D,SMD),用药间隔12小时。

(2)抗生素:链霉素、红霉素、庆大霉素,肌注以每日2~3次为宜。

磺胺类与抗生素,除羔羊及某些细菌性肠炎口服外,一般应避免口服。

(3)联合用药:联合用药是为了获得协同作用,提高抑菌或杀菌效果,更好地控制感染,降低毒性,减少或延长抗药性的产生。

适应证:危及生命、病因未明的感染。严重感染,如金色葡萄球菌感染、细菌性心内膜炎、败血症等,估计使用单一药物难于控制者。混合感染,单一抗菌药不能控制感染时可能为混合感染。如烧伤污染的复合创伤,腹腔脏器穿孔所引起的腹膜炎等。感染部位为一般抗菌药不易透入者,如结核性脑膜炎、结核杆菌的细胞内感染,可采用链霉素与易透入细胞内的异烟肼合用,以增强疗效。防止抗药性产生,需要长期应用抗菌药而细菌易产生抗药性者,如结核病、革兰阴性杆菌所致的肾盂肾炎。抑制水解酶、异噁唑类青霉素合用,由于前者可抑制 β - 内酰胺酶,从而发挥两药的协同抗菌效果。按抗菌药物对细菌作用性质可分为四类(表40)。联合用药及效果如表41所示。

表40　　　　　　　　抗菌药物分类

类　别	对细菌作用性质	实　例
第一类	繁殖期杀菌剂	青霉素类、头孢霉素类等
第二类	静止期杀菌剂	链霉素、庆大霉素、卡那霉素等
第三类	速效抑菌剂	四环素、土霉素、红霉素等
第四类	慢效抑菌剂	磺胺类、呋喃类

表41　　　　　　　　**联合用药效果**

合　用	效　果	实　例
第一类和第二类	有增强作用	青链霉素合用
第一类和第三类	可降低抗菌效能	青霉素与氯霉素合用
第二类和第三类	可获得增强或相加作用，一般不会产生拮抗作用	
第三类和第四类	可获得相加作用	
第四类和第一类	一般无重大影响	青霉素与磺胺嘧啶合用，治疗流行性脑膜炎

4.抗菌药物的临床选择

正确选用抗菌药物，前提是必须对致病菌有临床正确判断，并配合以病原菌的分离和药敏试验（表42）。

表42　　　　　　**抗菌药物的临床选择（仅供参考）**

病原微生物	革兰染色	所致主要疾病	首选药物	次选药物
金黄色葡萄球菌	+	疖、痈、呼吸感染、败血症、脑膜炎	敏感株:青霉素G,抗药株:耐酶新青霉素	四环素,氯霉素,红霉素,复方磺胺增效剂（SMZ＋TMP）,卡那霉素,庆大霉素,先锋霉素
溶血性链球菌	+	蜂窝织炎、丹毒、呼吸道感染、败血症	青霉素G	四环素,红霉素,复方抗菌增效剂
破伤风杆菌	+	破伤风	青霉素G＋破伤风抗毒素	四环素或氯霉素＋破伤风抗毒素

（续表）

病原微生物	革兰染色	所致主要疾病	首选药物	次选药物
梭状芽孢杆菌	+	气性坏疽	青霉素 G + 抗毒血清	四环素或红霉素 + 抗毒血清
炭疽杆菌	+	皮肤、内脏感染	青霉素 G	四环素，红霉素，庆大霉素，先锋霉素
肺炎杆菌	-	肺炎、泌尿道感染	多黏菌素，庆大霉素	复方抗菌增效剂，卡那霉素或链霉素 + 四环素或氯霉素
李氏杆菌	+	李氏杆菌病	链霉素，氯霉素	四环素，土霉素，磺胺类
绿脓杆菌	-	烧伤及其他感染	庆大霉素，多黏菌素	羧苄青霉素
痢疾杆菌	-	细菌性痢疾	复方磺胺增效剂，氯霉素	四环素类，OOPST + TMP，呋喃唑酮，黄连素，巴龙霉素
伤寒杆菌	-	伤寒	氯霉素	氨苄青霉素，甲砜霉素，SMZ + TMP
螺旋体		钩端螺旋体病	青霉素 G	四环素，氧霉素
结核杆菌		结核病	异烟肼 + 链霉素，异烟肼 + 利福平	异烟肼 + 卡那霉素，利福平 + 乙氨丁醇

（续表）

病原微生物	革兰染色	所致主要疾病	首选药物	次选药物
真菌		深部真菌		
		阴道、肠道真菌病	二性霉素 制霉菌素	克霉唑,球红霉素
		皮肤、指甲真菌病	灰黄霉素	
支原体		山羊传染性胸膜肺炎、非典型性肺炎	四环素,土霉素,金霉素	氧霉素,红霉素,链霉素

5. 盐类泻剂的应用

应用盐类泻剂时须配入足够量的水,制成 4% ～ 6% 的水溶液。若病程过久,可用 0.25% 普鲁卡因 500 毫升,加入青霉素 40 万国际单位,从羊右肷窝部行腹腔注射,每日 2 次,连用 2～3 天,效果较好。

（二）病毒性疾病

1. 口蹄疫

口蹄疫（FMD）俗称"口疮"、"蹄癀",是由口蹄疫病毒引起的一种急性、热性、高度接触性传染病,主要侵害牛、羊、猪等偶蹄动物,偶见于人和其他动物。临诊上以口腔黏膜、蹄部及乳房皮肤发生水疱和溃烂为特征。本病呈全球性分布,具有强烈的传染性;一旦发病,传播迅速,往往引起大流行,不易控制和消灭。因而,一直被国际兽疫局(OIE)列为 A 类动物疫病之首。

【病原】口蹄疫病毒属于微 RNA 病毒科口疮病毒属,具有多型性和变异性。

【临床症状】最初感染在侵入部位形成原发性水疱,常被忽视。1 ~ 3 天后,引起体温升高(至40 ~ 41℃)、精神沉郁、食欲下降等全身症状。随后在口腔黏膜、蹄部、乳房皮肤形成继发性水疱,而后水疱融合、破裂,形成溃疡和糜烂,此时体温降至正常。山羊多见于口腔,常在唇内侧、齿龈、舌面及颊部黏膜形成弥漫性炎症,表现疼痛,流出带泡沫的口涎,有时也见于乳房。病毒从血液中逐渐减少或消失,病羊进入恢复期,逐渐好转。如单纯口腔发病,经 1 ~ 2 周可痊愈。蹄部发病,跛行明显,若破溃后被细菌感染,跛行严重。哺乳羔羊对口蹄疫特别敏感,常呈现出血性胃肠炎和心肌炎症状,不出现水疱,发病急,死亡快。山羊患病比绵羊重,死亡率也高。

【防治措施】以免疫预防为主,检疫、扑杀、消毒并用。病羊一般不准许治疗,应就地扑杀,进行无害化处理。羊被感染后大多经 10 ~ 14 天可自愈,必要时可在严格隔离下对症治疗,以促进病羊痊愈,缩短病程。

(1)对病羊每天用盐水、硼酸溶液等洗涤口腔及蹄部。

（2）口腔治疗，可用食醋或1%高锰酸钾洗涤口腔，溃疡面涂以1%～2%明矾或碘甘油合剂（碘7克、碘化钾5克、酒精100毫升，溶解后加入甘油10毫升），每天涂擦3～4次，使用冰硼散涂擦（冰片15克、硼砂150克、芒硝18克，研为细末）。

（3）蹄部治疗，用3%来苏儿洗涤，然后涂以碘甘油或四环素软膏，用绷带包裹，不可接触湿地。

（4）乳房治疗，先用肥皂水或2%～3%硼酸水清洗，然后涂以1%龙胆紫溶液或抗生素软膏等，定期挤乳以防乳房炎。

2．羊传染性脓疱病

羊传染性脓疱病是由脓疱病毒引起的接触性传染病，又称羊口疮。该病世界各地都有发生，凡是有羊的地方都有此病。本病对成年羊危害轻，对羔羊危害重，死亡率在1%～15%，康复发育受阻。

【病原】病原为痘病毒科、副痘病毒属的羊传染性脓疱性皮炎病毒，对外界环境有相当强的抵抗力，痂皮在地面上经过冬季，第二年春季仍有传染性；暴露在夏季的阳光下，病毒经30～60天才开始丧失感染性；在室温条件下，干燥病料内的病毒至少可保存5年。

【临床症状】本病潜伏期3～8天，临床分为唇型、蹄型和外阴型，偶见混合型。

（1）唇型：为最常见病型。病羊先在口角、上唇或鼻镜上发生散在的小红点,逐渐变为丘疹或小结节,继而发展成水疱或脓疱。脓疱破溃后,形成黄色或棕色的疣状结痂。由于渗出物继续渗出,痂垢逐渐扩大、加厚。如为良性经过,1～2周内痂皮干燥、脱落而恢复正常。严重病例,患部波及整个唇部、面部、眼睑和耳廓等部位,形成大面积龟裂和易出血的痂垢,痂垢下伴有肉芽组织增生。整个嘴唇肿大外翻,呈桑葚状突起,严重影响采食。病羊日趋衰弱而死,病程长达2～3周。个别病例常继发细菌感染,引起深部组织的化脓和坏死。少数严重病例可因继发肺炎而死亡。母羊常因哺乳病羔而引起乳头皮肤感染,进而感染唇部皮肤。

(2)蹄型:此型仅绵羊罹患,多为一肢患病,也有多肢发病的。常在蹄叉、蹄冠或系部皮肤上形成水疱,后变为脓疱,破裂后形成脓液覆盖的溃疡。如有继发感染,则化脓坏死病变可波及基部或蹄骨,甚至肌腱和关节。病羊表现跛行,长期卧地,有的可在肺脏、肝脏和乳房中发生转移病灶,常因衰弱或败血症死亡。

(3)外阴型:此型较少见。病羊有黏性和脓性阴道分泌物。肿胀的阴唇和附近皮肤发生溃疡,乳头、乳房和乳头的皮肤上发生脓疱、烂斑和痂垢。公羊阴茎鞘肿胀,阴茎鞘皮肤和阴茎上出现脓疱和溃疡。单纯的外阴型病症很少有死亡。

【防治措施】

(1)治疗:去掉发病部位的痂皮、脓庖皮,用0.1%高锰酸钾溶液、5%硫酸铜溶液、明矾溶液等清洗创面,再用以下药物治疗。冰硼散粉末(冰片50克、硼砂500克、元明粉500克、朱砂30克,研末,混匀)对水调成糊状,涂抹患部,隔日涂药1次,连用2~3次,至患部痂皮或结痂脱落。哈拉(旱獭)油1千克,溶化后与300克敌百虫混拌均匀,涂擦患部,1次/天,连用1~2次。碘油药液(碘片2克或5克用70%~95%酒精溶解,加入花生油、菜子油或棉子油,配成2%和5%两种浓度),在病初和肉芽组织生长愈合阶段用2%药液,以减少对黏膜的刺激,保护新生组织,重者要用5%的碘酒。用消毒棉球蘸取药液轻轻搽,搽一次换一次棉球,处理完毕后再把口腔周围搽一些药液,每日早晚各一次,直至治愈。对继发感染、体温升高的病羊,可用青霉素、链霉素配合病毒唑肌肉注射,每天2次,连用3天治疗效果更好。

(2)预防:

①不从疫区引进羊只,如必须引进时,应隔离检疫2~3周,并多次彻底消毒蹄部。

②避免饲喂带刺的草或在有刺植物的草场放牧。适时加喂适量食盐,以减少羊啃土啃墙时损伤皮肤、黏膜的机会。

③在本病流行地区,可使用与当地流行毒株相同的

弱毒疫苗株作免疫接种。羊口疮弱毒细胞冻干疫苗,每年3月、9月各注射一次,不论羊只大小,每只口腔黏膜内注射0.2毫升,免疫期1年。

3.山羊痘

山羊痘是由山羊痘病毒引起的一种急性、热性、接触性传染病。

【病原】病原是山羊痘病毒,与绵羊痘病毒同属,也是一种亲上皮性病毒。但山羊痘和绵羊痘是各自独立的痘病毒,是截然不同的两种病原体,在山羊痘流行时不感染同群的绵羊。接种山羊痘病毒能预防羊传染性脓包性皮炎,但接种羊传染性脓包性皮炎病毒却不能预防山羊痘病。

【临床症状】主要在皮肤和黏膜上形成痘疹。病羊发病初期体温高达40~41℃,精神不振,食欲减退,呼吸、脉搏次数增加,结膜潮红,鼻孔流出浆液或脓性分泌物。经1~4天后,在全身皮肤的无毛或少毛部位相继出现红斑、丘疹(结节呈白色、淡红色)、水疱(中央凹陷呈脐状)、脓疱。结痂脱落后遗留一红色或白色瘢痕,后痊愈。非典型病例没有典型经过,常发展到丘疹期而终止,呈现良性经过,即"顿挫型"。有的病例继发感染时痘疱发生化脓、坏疽恶臭,形成较深的溃疡,常为恶性循环性经过,羔羊病死率可达20%~50%。剖检病死羊的病变,可见前胃和第四胃黏膜有圆形或半球形坚实

肉羊产业先进技术

结节,有的融合形成糜烂或溃疡。咽和支气管黏膜也常出现痘疹,肺部有干酪样结节和卡他性炎症变化。严重病例则见内脏有明显的痘疹,食管、气管、胃和肠等都能见到。

【防治措施】

(1)治疗:皮肤痘疹涂抹碘酊或紫药水,也可用忍冬藤、野菊花煎汤或用淡盐水洗涤患部,然后用碘甘油涂擦。黏膜上有病灶,用0.1%高锰酸钾溶液充分冲洗后,涂拭碘甘油或紫药水。对病情较重的羊可注射羊痘高免血清,并配合使用氟苯尼考或先锋霉素、克林霉素等,配合地塞米松、板蓝根注射液进行治疗;或用阿米卡星或恩诺沙星。体温升高者加安乃近注射液。

(2)预防:疫区坚持免疫接种,使用羊痘鸡胚化弱毒疫苗,大小羊只一律尾部或股内侧皮内注射0.5毫升,每年免疫1次。

4.狂犬病

狂犬病俗称疯狗病,是由狂犬病病毒引起的急性、接触性人兽共患传染病。狂犬病症状明显而严重,病死率极高,羊一旦发病,几乎全部死亡。感染途径主要为咬伤,病羊临床表现为脑脊髓炎,极度怕水,又叫"恐水症"。

【病原】病原是狂犬病病毒,为弹状病毒科狂犬病病毒属。病毒主要存在于病羊的中枢神经组织、唾液腺和唾液中,对外界环境抵抗力较弱,不耐热。

【临床症状】本病潜伏期差异很大,短者1周,长者1年以上,甚至10年以上,一般为2~3周。这取决于唾液的毒力和数量、咬伤的范围和深度、受伤部位的神经和淋巴管的分布,以及与中枢神经系统之间的距离、动物的易感性。如伤口在头面部,比在后肢潜伏期短得多。患病羊多无兴奋症状或兴奋期较短,表现起卧不安,性欲亢进,并有攻击动物的现象;常舔咬伤口,经久不愈,末期发生麻痹而死亡。

【防治措施】当羊被患有狂犬病的动物或可疑动物咬伤时,迅速用清水或肥皂水冲洗伤口,再用碘酊、酒精溶液等消毒防腐处理,并用狂犬病疫苗紧急免疫接种。有条件时可用狂犬病免疫血清预防注射。扑杀野犬、病犬及拒不免疫的犬类,加强犬类管理,养犬须登记注册,并用狂犬病疫苗进行免疫接种,每年1次。

5. 羊蓝舌病

蓝舌病是以昆虫为传染媒介,反刍动物罹患的一种病毒性传染病。主要发生于绵羊,临床特征为发热、消瘦,口、鼻和胃黏膜的溃疡性炎症变化。病羊特别是羔羊长期发育不良、死亡,胎儿畸形,羊毛的破坏,造成很大经济损失。本病的分布很广,1979年我国云南省首次确定绵羊蓝舌病,1990年在甘肃省又从黄牛分离出蓝舌病病毒。

【病原】蓝舌病病毒属于呼肠孤病毒科环状病毒属,为双股 RNA。

【临床症状】潜伏期为 3～8 天,病初体温升高达40.5～41.5℃,稽留 5～6 天,表现厌食、委顿,落后于羊群。流涎,口唇水肿,蔓延到面部和耳部,甚至颈部、腹部。口腔黏膜充血,后发绀,呈青紫色。在发热几天后,口腔连同唇、齿龈、颊、舌黏膜糜烂,致使吞咽困难;溃疡损伤部位渗出血液,唾液呈红色,口腔发臭。鼻流炎性、黏性分泌物,鼻孔周围结痂,引起呼吸困难和鼾声。有时蹄冠、蹄叶发生炎症,触之敏感,跛行,甚至膝行或卧地不动。病羊消瘦、衰弱,有的便秘或腹泻,有的下痢带血,早期有白细胞减少症。病程一般为 6～14 天,发病率30%～40%,病死率2%～3%,有时可高达90%。患病不死羊经 10～15 天痊愈,6～8 周后蹄部也恢复。怀孕 4～8 周的母羊遭受感染时,分娩的羔羊中20%有发育缺陷,如脑积水、小脑发育不足、回沟过多等。

【防治措施】病羊要精心护理,避免烈日风雨,给以易消化的饲料,每天用温和的消毒液冲洗口腔和蹄部。预防继发感染可用磺胺药或抗生素,有条件时病羊或分离出病毒的阳性羊应扑杀;血清学阳性羊,要定期复检,限制其流动,就地饲养使用,不能留作种用。

严禁用带毒精液进行人工授精。定期药浴、驱虫,消灭本病的媒介昆虫(库蠓)。

在流行地区可在每年发病季节前一个月接种疫苗；在新发病地区可用疫苗进行紧急接种。目前所用疫苗有弱毒疫苗、灭活疫苗和亚单位疫苗，以弱毒疫苗比较常用，二价或多价疫苗可产生相互干扰作用，免疫效果会受到一定影响。

　　6. 山羊关节炎 - 脑炎

　　本病是由山羊关节炎 - 脑炎病毒（CAEV）引起的一种慢性病毒性传染病。临床特征是成年山羊发生慢性多发性关节炎，或伴发间质性肺炎、间质性乳房炎；山羔羊常呈现脑脊髓炎。本病广泛分布且感染率很高。

　　【临床症状】

　　（1）关节炎型：多见于 1 岁以上的成羊关节炎山羊，病程 1～3 天。典型症状为腕关节、附关节和膝关节炎症，呈渐进性发展。最初关节肿大，有热痛感，跛行，喜卧，或跪地爬行，最后关节僵硬、活动受限，软骨和周围组织变性、坏死或钙化，形成骨赘。剖检关节周围软组织肿胀波动，皮下浆液渗出，关节囊肥厚，滑膜常与关节软骨粘连。关节腔扩张，内充满黄色、粉红色液体，其中悬浮纤维蛋白条索或血块。滑膜表面光滑或有结节状增生物，严重的发生纤维素性坏死。

　　（2）脑炎型：主要见于 2～6 月龄山羊羔，有明显的季节性，80% 病例发生于 3～8 月（主要与晚冬和春季产羔有关）。病羔主要表现精神沉郁，跛行，共济失调，麻痹,卧地不起。有的角弓反张,眼球震颤,头颈歪斜或作转圈运动。少数病例表现肺炎和关节炎症状。病程约半个月或数个月,渐进性消瘦,衰弱,最后衰竭而亡。剖检病变主要发生于小脑和脊髓的灰质。在前庭核部位将小脑与延脑横断,可见一侧脑白质有一棕色区。镜检可见血管周围有淋巴样细胞、单核细胞和网状纤维增生,形成套管,套管周围有胶质细胞增生,包围有淋巴样细胞。神经纤维有不同程度的脱髓鞘变化。有肺炎症状的病例剖检,有肺小叶间质增生的间质性肺炎病变。

【防治措施】阻止疫情传入,扑杀病羊和可疑病羊。本病目前尚无特异药物和疫苗可用。严禁由疫区引进种羊;新引进羊只要隔离、观察,经2次琼脂免疫扩散试验检查(间隔6个月),阴性者才可混群饲养。

7.瘙痒病

瘙痒病又称传染性脑膜炎,是由朊病毒引起的羊慢性、进行性、中枢神经系统疾病。其特征是潜伏期长、全身剧痒、肌肉震颤、运动失调、日渐消瘦,最后瘫痪、衰竭而死亡。

【病原】本病病原为亚病毒中的朊病毒。朊病毒也称蛋白侵染因子,是一种比病毒小、具有侵染性的蛋白质因子。朊病毒对热、辐射、酸、碱和常规消毒药的抵抗力都很强。据试验,病畜脑组织均浆在 134 ~ 138℃ 高温下 1 小时,对实验动物仍有感染力;病畜组织制成的肉骨粉干热 180℃ 1 小时也有部分感染力;病畜组织在 10% ~20% 的福尔马林中几个月仍有感染力。

【流行特点】主要传染源是病羊,传播途径主要是接触感染,也可由患病的母羊垂直传播,绵羊与山羊间可以接触传播,纯种羊易感性较强,2 ~4 岁羊呈散发性发病。

【临床症状】潜伏期较长,自然情况下可达 1 ~5 年,故 1 岁半以下羊极少出现临症。发病初期,病羊易惊,头高举,行走时也高高举头,头、颈或肋腹部发生震颤。多数病例出现瘙痒,病羊不断在圈舍墙壁、栅栏、用具等处摩擦头、背、体侧和臀部,被毛断裂和脱落,皮肤有机械擦伤,但没有炎症。当有人给羊抓痒时,常发生伸颈、摆头、咬唇、舔舌反射。病羊体温正常,照常采食,但日渐消瘦,运动失调,后肢更为明显。病羊不能跳跃,常反复跌倒,最后完全不能站立和走动。病程几周到几个月,最终瘫痪、衰竭而死。病死羊剖检,除尸体消瘦、皮肤损伤外,无肉眼可见病变。

【防治方法】由于本病潜伏期长、发展缓慢、无免疫应答,常规防治措施无效,应严禁从病区购羊,万一购入病羊,坚决扑杀、销毁(焚化或深埋)。同时隔离、观察同群羊和与病羊接触的羊群 42 个月,发现病羊或疑似病羊坚决扑杀、销毁,并彻底清除、销毁污染物,对羊舍、圈栏、用具等用次氯酸钠彻底消毒,有效氯浓度不低于

0.05%,作用时间不少于 1 小时。

(三)细菌性疾病

1. 羊炭疽病

羊炭疽是由炭疽杆菌引起的,人畜共患的急性、热性、败血性传染病。绵羊与山羊均可发病,多为急性死亡。病变特征是可视黏膜发绀,天然孔出血,血液凝固不良如煤焦油样,脾脏显著肿大,皮下及浆膜下结缔组织出血性浸润。

【临床症状】本病潜伏期 1~5 天,有的可长达 2 周。病羊常呈最急性型,表现为脑猝死的经过。外表完全健康的羊只突然倒地,全身战栗、摇摆、昏迷、磨牙,呼吸极度困难,可视黏膜发绀,天然孔流出带泡沫的暗红色血液,常于数分钟内死亡。

【防治措施】

(1)预防:本病疫区或常发地区,每年定期对易感羊只进行预防注射。无毒炭疽芽孢苗,绵羊颈部或后腿皮下注射 0.5 毫升/只,接种后 14 天产生免疫力,免疫期为 1 年;无毒炭疽芽孢苗(浓缩苗),绵羊皮下注射 0.5毫升/只,免疫期为 1 年;Ⅱ号炭疽芽孢苗,绵羊、山羊均可使用,皮下注射 1 毫升/只,免疫期为 1 年。

(2)扑灭措施:一旦发生炭疽病,应立即向上级兽医部门报告疫情,划定疫点、疫区、受威胁区,严格封锁疫点、疫区,禁止疫区内的羊只交易,向外输出活羊和羊产品及草料。禁止食用病羊乳、肉,隔离、扑杀病羊。紧急免疫受威胁区的羊群和假定健康羊群,发病羊群全部进行药物预防。抗炭疽血清,病初可皮下或静脉注射,羊每次 40~80 毫升;青霉素,按每千克体重 6~9 毫克(1 万~1.5 万国际单位)肌肉注射,连用 3 天;硫酸链霉素,按每千克体重 10 毫克,肌肉注射,每日 2 次,临用时加灭菌注射用水溶解;土霉素,按每千克体重 5 毫克,肌肉注射,每日 2 次。

病死羊尸体的天然孔及采样切割处,用浸泡过消毒药(可用 0.1% 的升汞、0.5% 过氧乙酸)的棉花或纱布堵塞,连同粪便、垫草一起焚烧,就地深埋。病死羊躺过的地面应除去表土 15~20 厘米,与 20% 的漂白粉混合后深埋。对污染的羊舍、地面及用具,用 10% 氢氧化钠或二氯异氰脲酸钠或 20% 漂白粉溶液喷洒消毒,每隔 1 小时消毒一次,连续 3 次;其后每日 2 次消毒,连续数日;在最后一只病羊死亡或痊愈后两周,无新发病例出现,经彻底的终末消毒,方可解除封锁。

2.破伤风

破伤风又称"锁口风"、强直症,是由破伤风梭菌引起的一种急性、创伤性、人畜共患的中毒性传染病。本病的特征是全身肌肉强直性痉挛和对外界刺激的反射兴奋性增强。

【临床症状】本病潜伏期为 1~2 周。病羊发病初期症状不明显,只见精神呆滞,起卧困难。随着病情发展,四肢逐渐强直,运步困难,步行时呈现高跷样步态;头颈伸直,角弓反张,肋骨突出,开口困难,采食和咀嚼障碍。严重时牙关紧闭,不能采食和饮水,流涎,常有瘤胃臌气,体温一般正常,死亡率很高。羔羊的破伤风常起因于脐带感染,角弓反张明显,常伴有腹泻,病死率可达 100%。

【防治措施】

(1)预防:

①加强饲养管理,及时清除饲草、饲料中、羊舍内外和运动场内的尖刺物品,防止发生内、外伤。

②一旦发生外伤,及时清创、消毒;进行阉割、接产或其他外科手术时,要注意器械的消毒和无菌操作,并用 2%~5% 碘酊严格消毒。

③在本病常发地区,进行手术前或发生创伤后,每只羊皮下或静脉注射破伤风抗毒素 1 万~2 万国际单位,预防本病。在发病较多的地区,每年春初定期预防注射破伤风明矾沉降类毒素,每只羊颈部注射 0.5 毫升,免疫期 1 年;若第 2 年重复免疫一次,免疫期可达 4 年。

(2)治疗:

①创伤处理:尽快查明感染的创伤,根据情况进行

外科处理。彻底清除伤口内的脓汁、异物、坏死组织及痂皮,对深创或创口小的伤口要及时扩创;同时用3%过氧化氢溶液(双氧水)、0.1%高锰酸钾溶液或清水反复冲洗;然后用2%~5%碘酊溶液消毒,再撒以碘仿硼酸合剂,最后用青、链霉素作创口周围注射;同时用青霉素80万国际单位,链霉素100万国际单位,肌肉注射,每日2次,连用1周作全身治疗。

②护理:病羊放入温暖、清洁、干燥、僻静、光线较暗的房舍内,给予易消化的饲料和充足的饮水。对瘤胃臌气或便秘的病羊,可用温水灌肠或投服盐类泻剂。

③特效药物治疗:发病初期可先静脉注射40%乌洛托品5~10毫升,再用精制破伤风抗毒素30万~50万国际单位,分3次肌肉或皮下注射,以中和毒素。先取一部分药液,在创口周围分点注射,对提高效果有一定作用。

④对症治疗:当病羊兴奋不安和强直痉挛时,可使用镇静解痉剂。一般多用氯丙嗪,按每千克体重0.002毫克肌肉或静脉注射,每天早晚各一次;也可用水合氯醛5~10克与淀粉浆100~200毫升混合灌肠;或用25%硫酸镁注射液肌肉或静脉注射,解除肌肉痉挛;当牙关紧闭时,用2%普鲁卡因5毫升和0.1%肾上腺素0.2~0.5毫升混合后,注入两侧咬肌。如病羊不能采食,可补液补糖。

3.羔羊痢疾

羔羊痢疾是由 B 型魏氏梭菌引起的羔羊急性毒血症。临床特征是剧烈腹泻,小肠发生溃疡,迅速而大批死亡,是影响羔羊成活率的重要疾病之一。

【临床症状】本病潜伏期 1~2 天。

(1)急性型:发生于流行早期,羔羊突然死亡。羔羊无精神,对周围事物没反应,不吃奶,低头弓背,腹胀而不下痢,或只排出少量稀粪(粪便先似正常,以后变棕灰色、半液体状,有时混杂有血液、恶臭)。病羔黏膜发绀,脱水。主要表现是神经症状,四肢瘫软,卧地不起,呼吸急促,口流白沫,头向后弯,最后昏迷,体温降至常温以下。若不及时救治,不久即死亡。病程很短,仅数小时到十几小时。

(2)亚急性型:此型最为常见,病程可达 1~2 天。病羔表现精神委顿,低头弓背,不愿吃奶,不久开始腹泻,粪便恶臭,有的稠如面糊,有的稀薄如水,呈黄白色;后期便内带有黏液,呈黄绿色、灰黄色,含有血液,直至成为血便。肛门及尾根常粘满粪便,眼下陷,喜卧,弓背,似有腹痛感觉。病羔逐渐虚弱,卧地不起。若不及时治疗,常在 1~2 天内死亡,只有少数病情轻的可能自愈。

【防治措施】消毒与预防并重,母羊与羔羊同防,免疫接种与药物预防并用。发病后要将病羔隔离,加强护理,及时使用药物治疗。同时适当采取强心、补液、补充维生素、缓解酸中毒等对症治疗。

(1)初期用轻泻剂,以清除肠内容物。灌服6%硫酸镁30~60毫升,6~8小时后再灌服1%高锰酸钾10~20毫升,必要时可再服高锰酸钾2~3次。

(2)盐酸土霉素0.2克,每6小时肌肉注射1次,连用2~3天。

(3)土霉素0.2~0.3克,胃蛋白酶0.2~0.3毫克,加水灌服,每日2次。

(4)磺胺脒0.5克,鞣酸蛋白酶0.2克,次硝酸铋0.2克,碳酸钠0.2克或再加呋喃唑酮0.1~0.2克,加水灌服,每日3次。

(5)对于腹痛不安、流涎不止的病羔,可皮下注射0.05%硫酸阿托品0.2~0.3毫升;心脏衰弱的可皮下注射25%安钠咖0.5~1毫升;严重脱水的可静脉注射5%葡萄糖生理盐水20~30毫升;呈现兴奋症状的急性病例,可灌服水合氯醛0.1~0.2克,或用其他镇静药;严重昏迷可试用朱砂0.3克,冰片0.09克,全蝎0.2克,温水灌服急救。

(6)用新霉素或红霉素,每千克体重30~50毫克内服。第2次以后减1/2或1/3量。每隔8小时内服1次,连用3~5天。

(7)长效土霉素,每千克体重20毫克皮下注射,每

48～72 小时 1 次。

（8）恩诺沙星,每千克体重 5 毫克肌肉注射,每天 1次,连用 3～5 天。

（9）乙酰甲喹,每千克体重 2.5～5.0 毫克肌肉注射,每天 1 次,连用 3～5 天。

4.羊黑疫

羊黑疫又称羊传染性、坏死性肝炎,是由 B 型诺维氏梭菌引起的羊急性、高度致死性毒血症,以肝实质坏死性病灶为特征。

【临床症状】本病的临床症状与羊肠毒血症、羊快疫极其相似,发病急,常突然死亡。少数病例可拖延1～2 天,但没有超过 3 天的。病羊表现掉群,不食,体温升高,呼吸困难,呈昏睡、俯卧,毫无痛苦地突然死去。

【防治措施】

（1）预防:在肝片吸虫病流行地区,对羊群每年至少安排两次定期驱虫。一次在秋末冬初由放牧转为舍饲之前;另一次在冬末春初,由舍饲改为放牧之前。定期注射羊黑疫菌苗、黑疫快疫混合苗或羊厌氧菌五联苗。发病时将羊圈搬至干燥处。早期预防用抗诺维氏梭菌血清,皮下或肌肉注射,10～15 毫升,必要时可重复一次。药物预防用蛭得净,按每千克体重 16 毫克,一次内服;或用丙硫苯咪唑,按每千克体重 15～20 毫克,一次内服;或用三氯苯唑,按每千克体重 8～12 毫克,一次内服。

（2）治疗：病程缓慢的病羊可用青霉素，肌肉注射，80万～160万单位，每日2次。抗诺维梭菌血清，肌肉、皮下或静脉注射，每次80～100毫升，连用1～2次。

5.羊布氏杆菌病

布氏杆菌病是由布鲁杆菌（惯称布氏杆菌）引起的人畜共患病。牛、羊、猪最常发生，羊感染后的主要特征是生殖器官和胎膜发炎，表现流产、不育，公羊发生睾丸炎等，故称传染性流产。

【临床症状】母绵羊及母山羊除流产外，其他症状常不明显。流产多发生在妊娠后的3～4个月。山羊流产率可达50%～90%，绵羊流产率约为40%。流产前，表现减食、口渴、精神沉郁，阴门流出黄色黏液。其他症状还有乳房炎、支气管炎、关节炎、滑液囊炎等，出现跛行。公山羊常可见睾丸炎，公绵羊则常见附睾炎等。

【防治措施】

（1）本病一般不治疗，发现病羊即淘汰。对价值昂贵的种羊，可在发病早期、隔离条件下治疗，用0.1%高锰酸钾溶液冲洗阴道和子宫，再用链霉素（肌注，每千克体重10～15毫克，每天2次）、土霉素（每千克体重5～10毫克，每天2次）治疗。

（2）在常发病地区，定期用疫苗免疫预防本病：布氏杆菌猪型2号弱毒菌苗，山羊、绵羊臀部肌肉注射1

毫升(阳性羊、3 个月以下的羔羊和孕羊均不能注射),免疫期绵羊一年半,山羊一年;布氏杆菌羊型 5 号菌苗,羊群室内气物免疫,室内用量为 50 亿菌/米³,喷雾后停留 30 分钟,免疫期 1 年。

6.羊沙门菌病

羊沙门菌病又称羊副伤寒,是由肠杆菌科沙门菌属中的鼠伤寒沙门菌、都柏林沙门菌和羊流产沙门菌引起的,以羔羊急性败血症和下痢、母羊怀孕后期流产为主要特征的急性传染病。

【临床症状】

(1)下痢型:多见于羔羊,病羊表现精神沉郁,体温高达40～41℃,食欲减少,腹泻,排黏性带血稀粪,有恶臭。精神委顿、低头弓背,继而卧地,经 1～5 天死亡,有的经两周后可恢复。发病率一般为 30%,病死率25% 左右。

(2)流产型:多发生在绵羊怀孕的最后两个月,流产或死产。流产前病羊表现精神沉郁、体温升高,拒食,部分羊有腹泻症状。流产前和流产后数天,阴道有分泌物流出。流产胎儿表现极度虚弱,往往在生后 1～7 天死亡。发病母羊也可在流产后或无流产的情况下死亡。羊群暴发一次沙门菌病一般持续 10～15 天,流产率和病死率可达60%;流产母羊有 5%～7% 死亡率;其他羔羊的病死率10% 左右。

【防治措施】

（1）预防：

①加强对羔羊和母羊的饲养管理，消除发病诱因，保持饲料、饮水的清洁、卫生，定期消毒羊只的生产、生活环境。

②药物预防。发病季节到来之前，或要产生某些可预见的应激时，可在饲料中添加敏感的抗生素或内服促菌生等活菌制剂内服，预防本病。

③发生本病后，要及时隔离、诊断、急宰病羊，肉品、羊皮、毛分别进行无害化处理；清理、烧毁流产的胎儿、胎衣、垫草及污染物；全面、彻底消毒污染场所、用具等；假定健康羊群、受威胁羊群及时进行药物预防，或用本羊群分离菌株，制成单价灭活苗，进行免疫注射。

（2）治疗：确有治疗价值的患病羊，可选用经药敏试验有效的抗生素治疗或选用氟苯尼考，羔羊按每千克体重 30～50 毫克/天，分 3 次内服，成年羊按每千克体重 10～30 毫克/次，肌肉或静脉注射，每日 2 次；痢特灵，按每千克体重 5～10 毫克/天，分 2～3 次内服；也可用氯霉素、土霉素、磺胺嘧啶或磺胺二甲基嘧啶。连续用药不得超过两周，沙门菌易产生抗药性，如用一种药物无效时，要及时换用另一种；腹泻较重时及时补液，加适量碳酸氢钠溶液，以防机体脱水和酸中毒。

7. 羔羊大肠杆菌病

羔羊大肠杆菌病又称"羔羊白痢",是由致病性大肠杆菌引起的羔羊急性、致死性的传染病。特征是剧烈下痢和败血症。

【临床症状】本病潜伏期为数小时至 1 ~ 2 天。

(1)肠型(下痢型):7 日龄以下的羔羊多发。病羊初期体温升高,达 40.1 ~ 41℃,随之出现腹泻、下痢,此时体温下降至正常或略高于正常,粪便先为半液体状,由黄色变为灰色,以后粪呈液体状,含有气泡,有时混有血液和黏液。病羊拱背(腹痛)、委顿、虚弱、严重脱水、卧地不起,如不及时救治,经 24 ~ 36 小时死亡,病死率可达15% ~ 17%。有时可见化脓性—纤维素性关节炎。从肠道各部分可分离到致病性大肠杆菌。剖检尸体严重脱水,真胃、小肠和大肠内容物呈黄色半液体状,黏膜充血,肠系膜淋巴结肿胀发红。

(2)败血型:2 ~ 6 周龄羔羊多发。病羊初期体温高达 41.5 ~ 42℃。病羔精神委顿,四肢僵硬,运动失调,头常弯向一侧,视力障碍,继之卧地,磨牙,头向后仰,一肢或数肢作划水动作。很少或无腹泻。有的关节肿胀、疼痛,或伴发肺炎。病羔呼吸困难、口吐白沫,鼻流黏液,最后昏迷。多于发病后 4 ~ 12 小时内死亡,很少有超过 24 小时的。从内脏分离到致病性大肠杆菌。

【防治措施】大肠杆菌对多种药物均敏感,故多种药物均有治疗作用,但又容易产生耐药性。因此,用药前先做药敏试验,对提高治疗效果意义重大。加强饲养管理,改善羊舍卫生,对病羊尽快康复可起到事半功倍的作用。

在使用如下药物的同时,对新生羔羊可加胃蛋白酶内服,对有兴奋症状的病羊可内服水合氯醛。

(1)庆大霉素:每千克体重 8 000 ~ 10 000 单位,皮下注射,每日 2 次,连用 3 ~ 5 天。

(2)土霉素粉:每千克体重内服 30 ~ 50 毫克,每日 2 ~ 3 次,连服 3 ~ 5 天。

(3)磺胺嘧啶:第一次按每千克体重 0.5 克,以后减半,每 6 小时一次内服,连用 3 ~ 5 天。

(4)恩诺沙星:每千克体重 2 ~ 3 毫克,肌肉注射,每日 2 次,连用 3 ~ 5 天。

(5)磺胺脒:第一次 1 克,以后每隔 6 小时内服 0.5克。

8. 羊李氏杆菌病

羊李氏杆菌病又称转圈病,是单核细胞增多症李氏杆菌引起的人畜共患急性传染病,以羔羊和孕羊最为敏感。典型症状为脑炎,幼羊常呈败血症。主要在冬春季节发病。维生素 A、维生素 B 缺乏是发病的主要诱因。李氏杆菌对青霉素有抗药性,但对链霉素、氯霉素、四环素族抗生素和磺胺类药物敏感。

【临床症状】病羊发病初期体温升高1~2℃,不久降至常温。羔羊多表现败血症,精神沉郁,呆立、低头垂耳、流涎、流鼻液、流泪、咀嚼、吞咽迟缓、采食减少或停止,迅速恶化而死亡。年龄稍大的幼羊多表现脑膜脑炎,头颈一侧性麻痹,弯向对侧;如视力减弱或消失,遇到障碍物时常以头抵着不动,转圈倒地,四肢作游泳姿势,颈项强直,角弓反张;面部神经、咬肌和咽部出现麻痹,最后昏迷等。孕羊流产,羔羊呈急性败血症而迅速死亡,病死率高。

【防治措施】

(1)预防:注意环境卫生,加强饲养管理,定期驱虫,消灭牧场和圈内啮齿动物。发现发病羊群,应隔离治疗,其他羊群使用药物预防。病羊尸体要深埋处理,污染的环境和用具等用5%来苏儿进行消毒。

(2)治疗:病羊早期可大剂量磺胺类药与抗生素并用,疗效较好。用20%磺胺嘧啶钠,按每千克体重5~10毫升;庆大霉素,每千克体重1 000~1 500单位,均肌肉注射。病羊出现神经症状时使用盐酸氯丙嗪,每千克体重1~3毫克。

9.山羊传染性胸膜肺炎

山羊传染性胸膜肺炎又称"烂肺病",是由丝状支原体引起的一种山羊特有的高度接触性传染病。特征是高热、咳嗽、浆液性和纤维蛋白渗出性肺炎及胸膜炎症状。丝状支原体山羊亚种对理化因素的抵抗力很弱。对红霉素高度敏感,对四环素、氯霉素较敏感,对青霉素、链霉素不敏感,但绵羊肺炎支原体对红霉素有一定抵抗力。

【临床症状】

(1)最急性:体温升高,可达 41～42℃,沉郁,不食,呼吸急促。随之呼吸困难、咳嗽,流浆液性鼻液,黏膜发绀,呻吟哀鸣,卧地不起,多于 1～3 天死亡。

(2)急性:最常见。体温升高,初为短湿咳,流浆液性鼻液,后变为痛苦的干咳,流黏脓性铁锈色鼻液。胸部敏感、疼痛,病侧叩诊常有实音区,听诊有支气管呼吸音与摩擦音。高热不退,呼吸困难,呻吟痛苦。弓腰伸颈,腹肋紧缩,孕羊大批流产。最后倒卧,委顿,衰竭死亡。死前体温下降。病期 1～2 周,有的达 3 周以上。偶有不死者转为慢性。

(3)慢性:多见于夏季。全身症状较轻,体温降至40℃左右,间有咳嗽、腹泻、流鼻,身体衰弱,被毛粗乱。此时如再度感染或有并发症,则迅速死亡。

【防治措施】

(1)预防:坚持自繁自养,不从疫区购羊。新引进的羊,应隔离观察 1 个月确认无病后方可混群。在疫区内,每年用山羊传染性胸膜肺炎氢氧化铝苗进行预防注射。皮下或肌肉注射,6 个月龄以上羊 5 毫升,6 个月龄以下 3 毫升,注射后 14 天产生免疫力,免疫期为 1 年。病菌污染的环境、用具等,均应用 2% 苛性钠溶液或 10% 的含氯石灰溶液等彻底消毒。

（2）治疗:

①氟本尼考,每千克体重 20 毫克,肌肉注射,每 2 天 1 次。

②磺胺嘧啶钠注射液,皮下注射,每日每千克体重 0.02 ~ 0.04 克,分 2 ~ 3 次注射。或 5% 葡萄糖氯化钠注射液 500 ~ 1 000 毫升,10% 磺胺嘧啶钠注射液 3 ~ 5 克,维生素 C 10 ~ 52 克,静脉滴注,每日 2 次。

③病羊初期用盐酸长效土霉素,每日每千克体重 20 毫克,皮下注射,每 48 ~ 72 小时注射 1 次;也可试用强力霉素,效果明显。

④肌肉注射卡那霉素和鱼腥草注射液,剂量分别是 0.1 毫升/千克,每天 3 次,连用 3 天。

⑤泰乐菌素或恩诺沙星拌料,每 50 千克饲料分别拌 10 克,每天 2 次,连用 3 天。

图书在版编目（CIP）数据

肉羊产业先进技术/张果平主编.—济南:山东科学技术出版社,2015.12（2017.3重印）
科技惠农一号工程
ISBN 978 – 7 – 5331 – 8024 – 9

Ⅰ.①肉…　Ⅱ.①张…　Ⅲ.①肉用羊—饲养管理
Ⅳ.①S826.9

中国版本图书馆 CIP 数据核字（2015）第 277044 号

科技惠农一号工程
现代农业关键创新技术丛书

肉羊产业先进技术

张果平　主编

主管单位:山东出版传媒股份有限公司
出 版 者:山东科学技术出版社
地址:济南市玉函路 16 号
邮编:250002　电话:(0531)82098088
网址:www. lkj. com. cn
电子邮件:sdkj@ sdpress. com. cn
发 行 者:山东科学技术出版社
地址:济南市玉函路 16 号
邮编:250002　电话:(0531)82098071
印 刷 者:山东金坐标印务有限公司
地址:莱芜市赢牟西大街 28 号
邮编:271100　电话:(0634)6276022

开本:850mm×1168mm　1/32
印张:4.625
版次:2015 年 12 月第 1 版　2017 年 3 月第 3 次印刷

ISBN 978 – 7 – 5331 – 8024 – 9
定价:13.00 元